福建省三明市
气候图集

吴　滨　杨丽慧　主编

气象出版社
China Meteorological Press

内 容 简 介

本书基于 1991—2020 年气象观测资料绘制了三明市气温、降水、风速、风向、日照等主要气候要素图。并以三明市三元区、大田县、永安市为例，绘制了各地城市实测风环境特征图、典型日气象研究与预报建模系统（WRF）数值模拟风环流场特征图、基于卫星遥感数据的热岛效应特征图，在此基础上，辨识了各地一级、二级通风廊道，最终构建出各地综合城市通风廊道。此外，本书还基于多尺度流体动力学（CFD）模拟技术开展了三明、永安等地小区尺度不同设计方案三维风场模拟，提出了最优规划设计方案，为各地总体规划和控制性详细规划提供科学依据。

本书可供从事气象、环境、生态、国土空间规划等相关领域的管理、科研及一线业务人员参阅。

图书在版编目（CIP）数据

福建省三明市气候图集 / 吴滨，杨丽慧主编.
北京：气象出版社，2024. 5. -- ISBN 978-7-5029
-8236-2

Ⅰ. P468.257

中国国家版本馆 CIP 数据核字第 20249C2Y73 号

福建省三明市气候图集
Fujian Sheng Sanming Shi Qihou Tuji

出版发行：气象出版社

地　　址：北京市海淀区中关村南大街 46 号　　**邮政编码：**100081

电　　话：010-68407112（总编室）　010-68408042（发行部）

网　　址：http://www.qxcbs.com　　**E - m a i l：**qxcbs@cma.gov.cn

责任编辑：王　迪　　　　　　　　　　**终　　审：**张　斌

责任校对：张硕杰　　　　　　　　　　**责任技编：**赵相宁

封面设计：艺点设计

印　　刷：北京建宏印刷有限公司

开　　本：787 mm×1092 mm　1/16　　**印　　张：**6.25

字　　数：160 千字

版　　次：2024 年 5 月第 1 版　　　　　**印　　次：**2024 年 5 月第 1 次印刷

定　　价：70.00 元

编 委 会

主　　　　编：吴　滨　杨丽慧
副　主　　编：陈　立　郑凯端
其他编写人员：邹沁垚　杨　希　王　玉

前　言

本书基于作者长期从事气候变化和城市气候效应评估研究及业务应用的成果,以三明市及三元区、大田县、永安市为研究对象,对其气候特征和城市风环境特征进行了评估并绘制了图集。

本书共五章,吴滨和杨丽慧负责确定本书提纲目录,杨丽慧负责本书各章节统稿和组织协调编写各环节,吴滨负责本书审稿。各章具体内容和作者分工如下:第1章主要绘制了三明市地形水系、人口分布、国内生产总值(GDP)分布、道路分布等特征图,并基于1991—2020年气象统计数据绘制了三明市气温、降水、日照、相对湿度、风速、风向等基本气象要素时空分布特征图,由杨丽慧、郑凯端、邹沁垚、杨希编写。第2章主要绘制了三明市三元区风环境特征图、夏冬季典型日气象研究与预报建模系统(WRF)风场模拟图和热岛强度分布特征图,在此基础上绘制三明市三元区通风廊道图,由吴滨、杨丽慧、陈立编写。第3章主要绘制了永安市气温、降水、相对湿度、日照时数、风速、风向等基本气象要素时空分布特征图,以及永安市冬夏季典型日WRF风场模拟图、热岛强度分布特征图、舒适度空间分布特征图,并绘制永安城市通风廊道图,由吴滨、杨丽慧、陈立、郑凯端、王玉编写。第4章主要绘制了大田县气温、降水、相对湿度、日照时数、风速、风向等基本气象要素时空分布特征图,以及大田县冬夏季典型日WRF风场模拟图、热岛强度分布特征图,并绘制大田县城市通风廊道图,由吴滨、杨丽慧、陈立、郑凯端编写。第5章主要基于计算流体动力学(CFD)模拟技术模拟三明市两小尺度区域不同设计情景方案的三维风场模拟图,由杨丽慧、吴滨编写。

本书能够顺利出版,离不开福建省气局、省气候中心领导的大力支持,以及三明市、永安市、大田县气象局领导及业务人员的支持和帮助,也离不开三明市、永安市、大田县各地人民政府及相关部门的大力支持和帮助,在此一并感谢。

本书是对三明市城市通风廊道设计和微尺度风环境模拟研究成果的图集绘制。城市气候图集绘制是一项复杂的过程,涉及数值模式、遥感产品、多尺度流体力学等方方面面,由于作者水平有限,书中不足之处在所难免,敬请读者批评指正。

作者
2024年1月

目　录

第1章　福建省三明市气候图

三明市地处福建省中北部(25°30′—27°07′N,116°22′—118°39′E),西北部为武夷山脉,中部为玳瑁山脉,东南角依傍戴云山脉,总面积 2.3 万 km²,居福建全省第二,东依福州、南靠泉州、西南接龙岩、西濒江西、北通南平,辖 1 市、2 区、8 县,人口 287 万。三明市境内以中低山及丘陵为主,峰峦耸峙,低丘起伏,溪流密布,河谷与盆地错落其间,全境地势总体上西南部高,东北部低,海拔最高(建宁白石顶)1858 m,最低 50 m。森林覆盖率达 77.12%。三明市各县(市、区)年平均气温介于 17.5～20.1℃,极端最高气温大部分县(市、区)超过 40℃,极值为 42.4℃(尤溪),极端最低气温均在－5.0℃以下,极值为－12.8℃(建宁);年降水量介于 1550～1890 mm,降水量主要集中在 5—6 月,其次是 3—4 月,暴雨是最主要的气象灾害;年平均风速 1.5 m/s 左右。三明市自古人杰地灵,文化底蕴厚重,是著名的客家祖地,亦是红色革命老区。拥有全国文明城市、国家卫生城市、全国双拥模范城等荣誉。

本图集中气候特征数据来源于 11 个县(市、区)1991—2020 年气候标准统计值;三明市三元区、永安市和大田县通风廊道加入了区域内近 10 年自动气象站及临时气象观测数据;热岛强度分布图采用 Landsat5-8 系列卫星遥感资料绘制;永安舒适度图采用中国气象局陆面数据同化(CLDAS)再分析资料(2018—2020 年)计算并绘制。

1.1　基础图

1.1.1　地形水系图

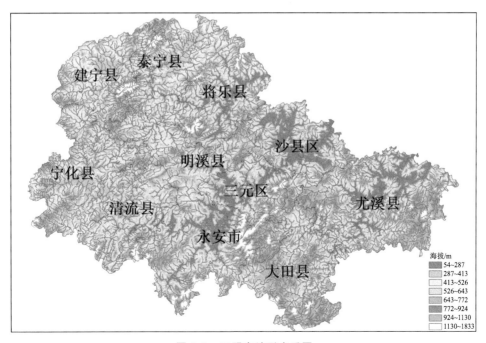

图 1.1　三明市地形水系图

1.1.2 人口分布图

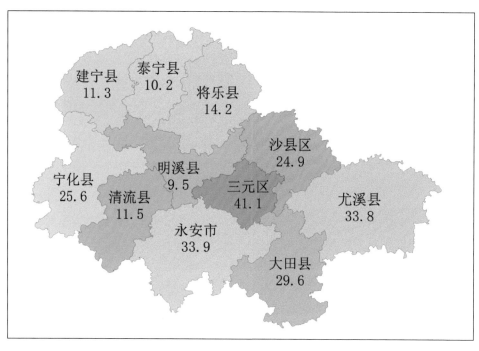

图 1.2 三明市人口分布图(万人,2022 年)

1.1.3 GDP 分布图

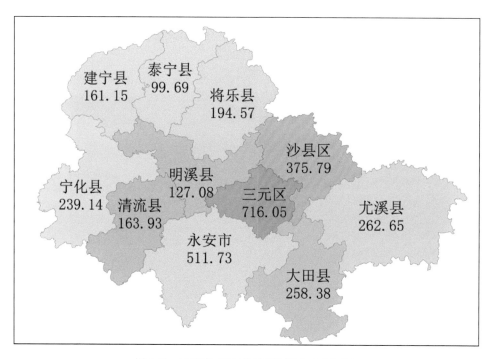

图 1.3 三明市 GDP 分布图(亿元,2022 年)

1.1.4 道路分布图

图 1.4 三明市道路分布图

1.2 气候特征图

1.2.1 气温分布图

年平均气温及 1、4、7、10 月平均气温分布如图 1.5—1.9 所示。

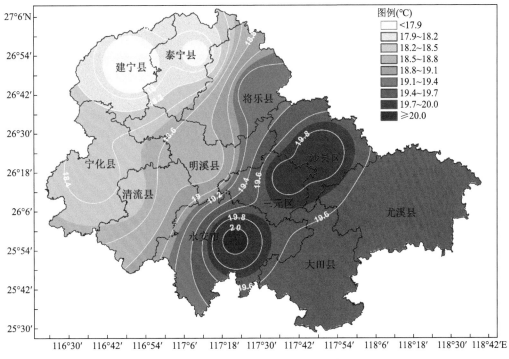

图 1.5 年平均气温(1991—2020 年)

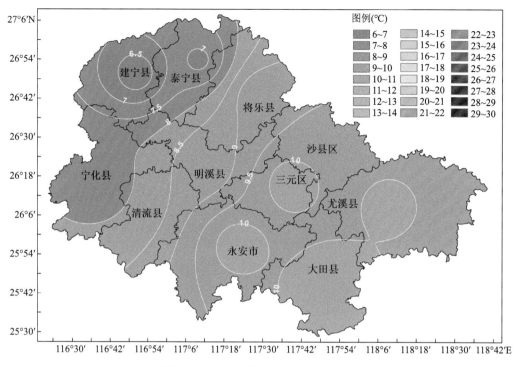

图 1.6 1 月平均气温(1991—2020 年)

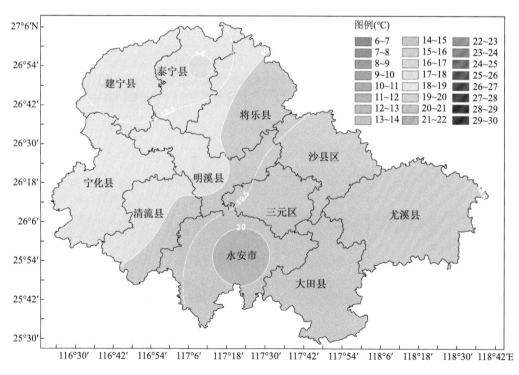

图 1.7 4 月平均气温(1991—2020 年)

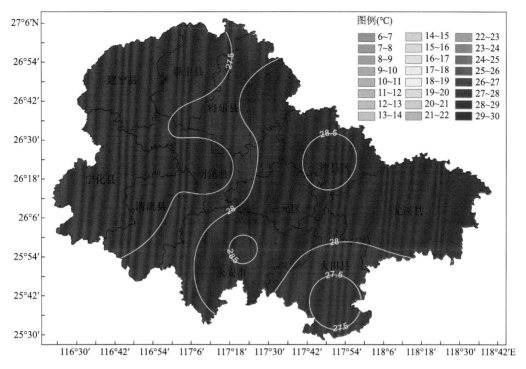

图 1.8　7 月平均气温(1991—2020 年)

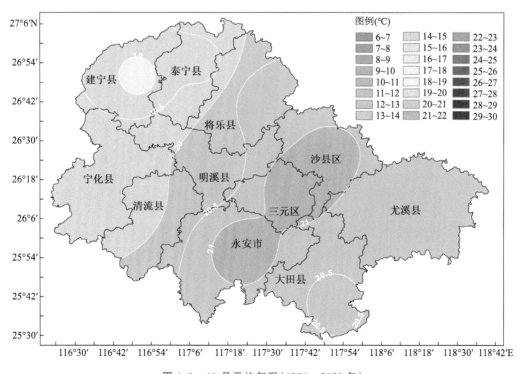

图 1.9　10 月平均气温(1991—2020 年)

年平均最高气温及 1、4、7、10 月平均最高气温分布如图 1.10—图 1.14 所示。

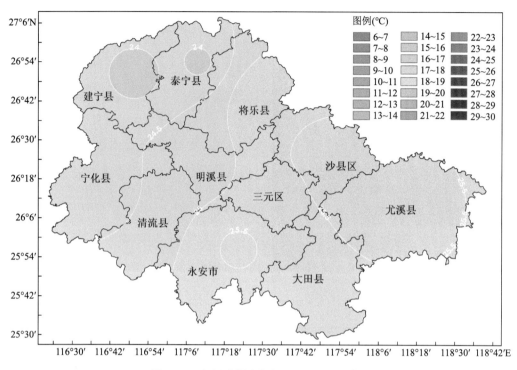

图 1.10　年平均最高气温(1991—2020 年)

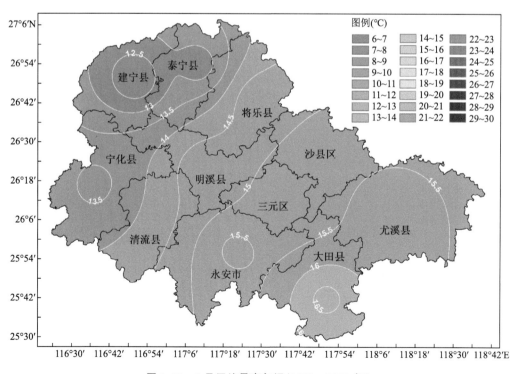

图 1.11　1 月平均最高气温(1991—2020 年)

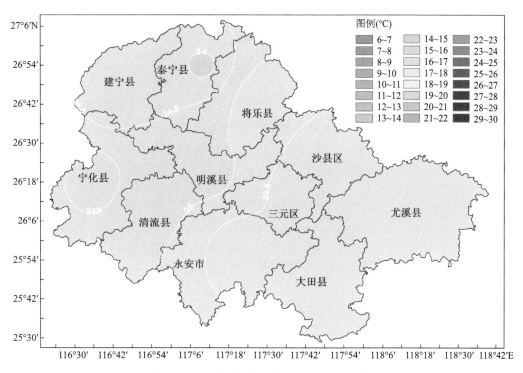

图 1.12　4 月平均最高气温(1991—2020 年)

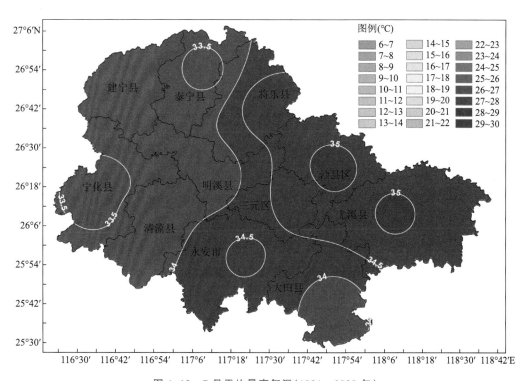

图 1.13　7 月平均最高气温(1991—2020 年)

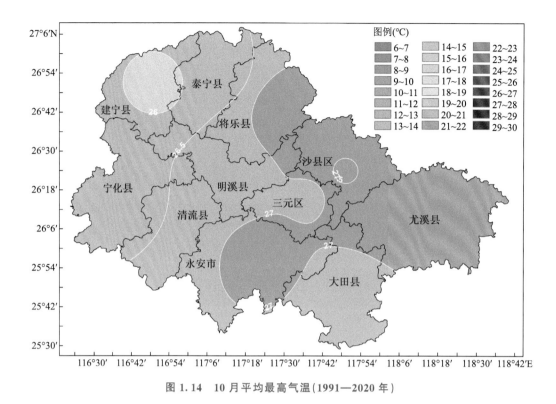

图 1.14　10 月平均最高气温（1991—2020 年）

年平均最低气温及 1、4、7、10 月平均最低气温分布如图 1.15—1.19 所示。

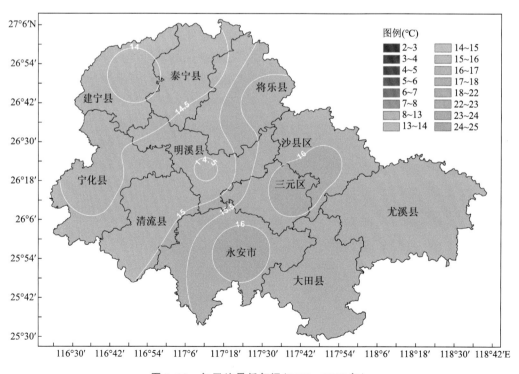

图 1.15　年平均最低气温（1991—2020 年）

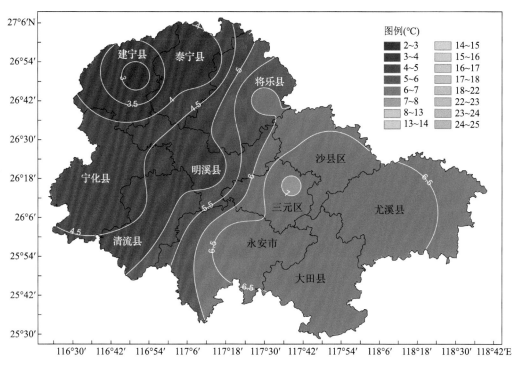

图 1.16　1 月平均最低气温(1991—2020 年)

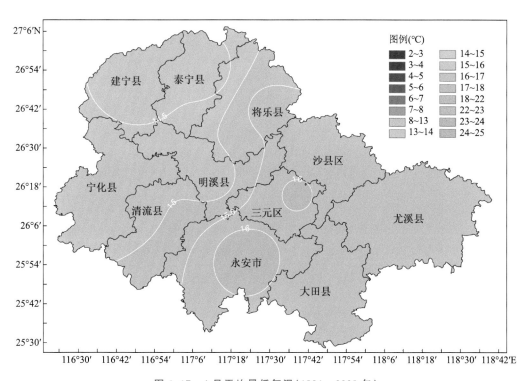

图 1.17　4 月平均最低气温(1991—2020 年)

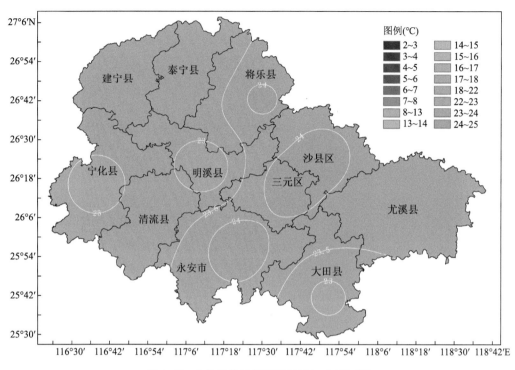

图 1.18　7 月平均最低气温（1991—2020 年）

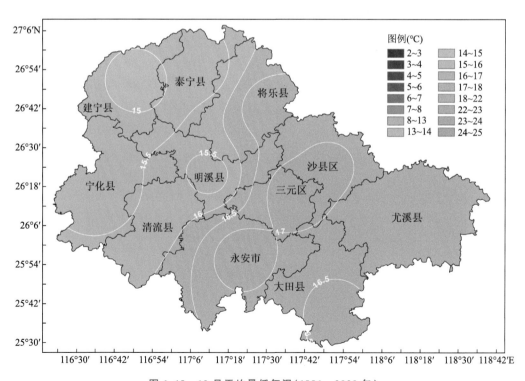

图 1.19　10 月平均最低气温（1991—2020 年）

年极端最高最低气温分布及年气温日较差分布如图 1.20—1.22 所示。

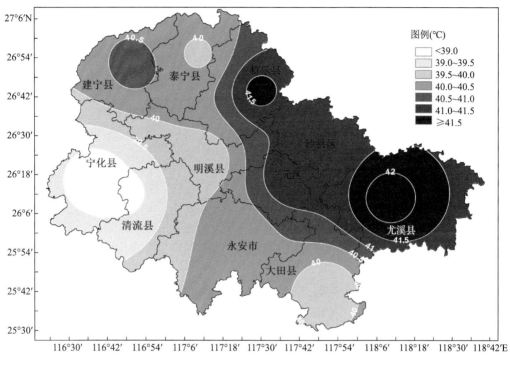

图 1.20　年极端最高气温(1991—2020 年)

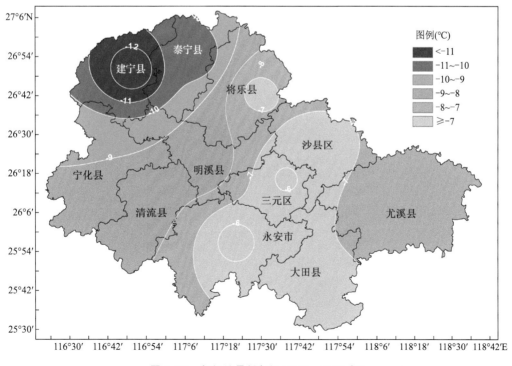

图 1.21　年极端最低气温(1991—2020 年)

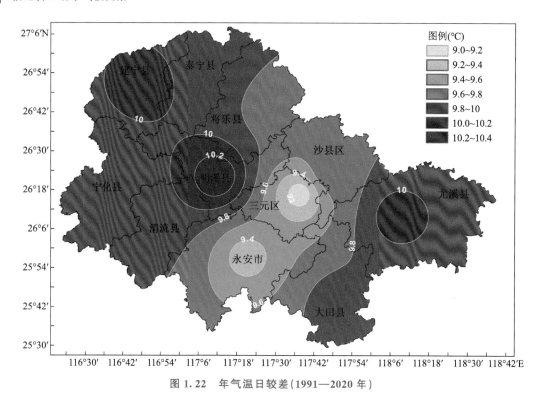

图 1.22　年气温日较差(1991—2020 年)

1.2.2　降水分布图

年平均降水量及 1—12 月各月平均降水量分布如图 1.23—1.35 所示。

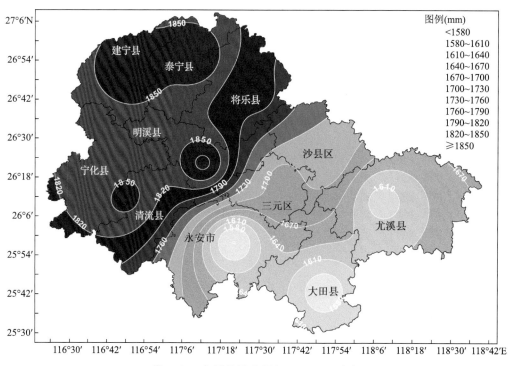

图 1.23　年平均降水量(1991—2020 年)

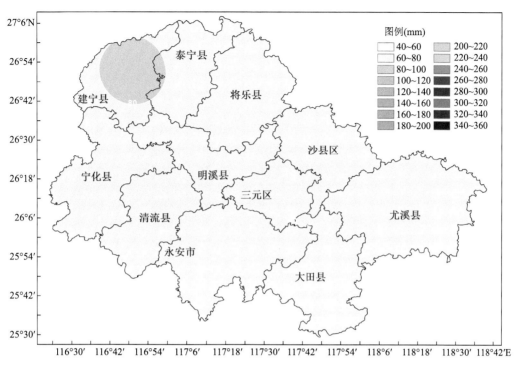

图 1.24　1 月平均降水量(1991—2020 年)

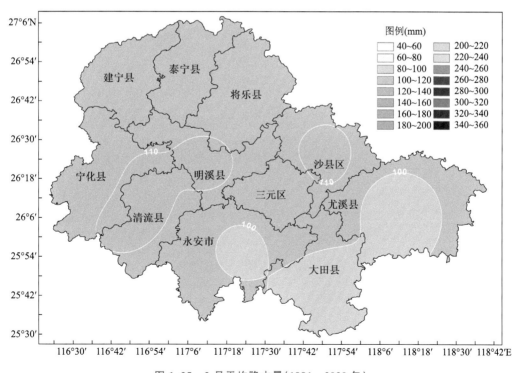

图 1.25　2 月平均降水量(1991—2020 年)

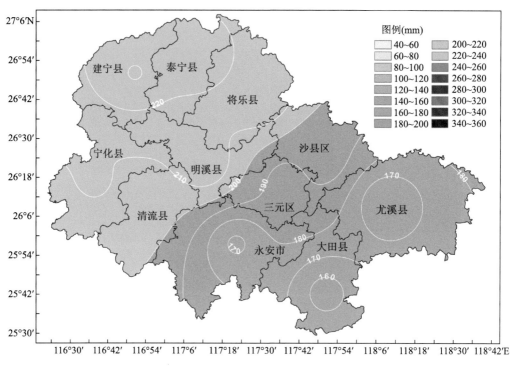

图 1.26 3 月平均降水量(1991—2020 年)

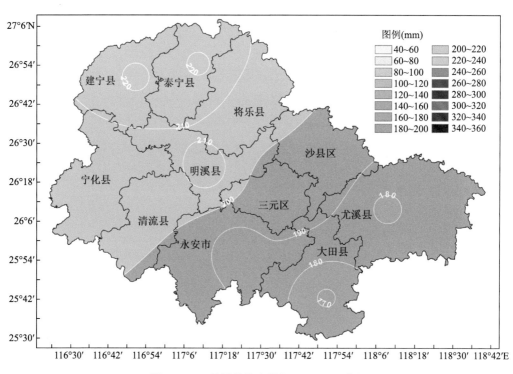

图 1.27 4 月平均降水量(1991—2020 年)

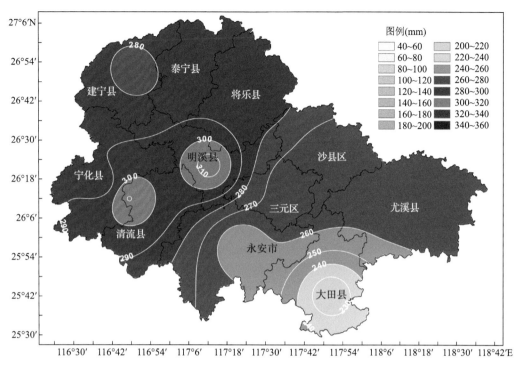

图 1.28 5 月平均降水量(1991—2020 年)

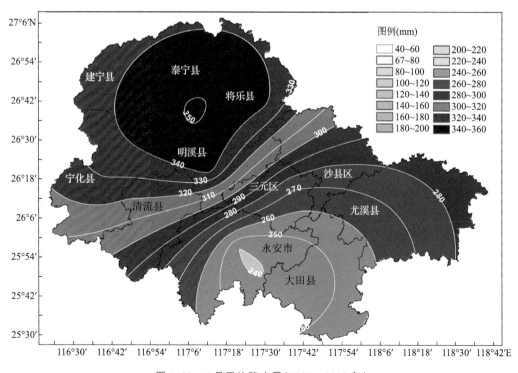

图 1.29 6 月平均降水量(1991—2020 年)

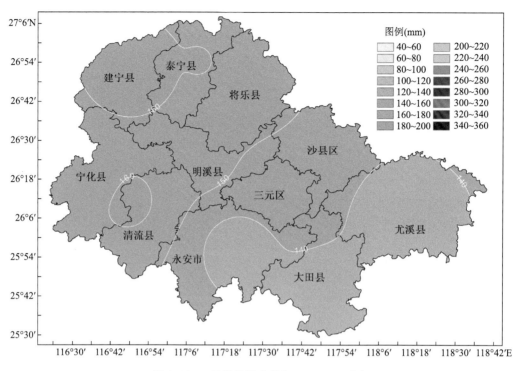

图 1.30　7 月平均降水量（1991—2020 年）

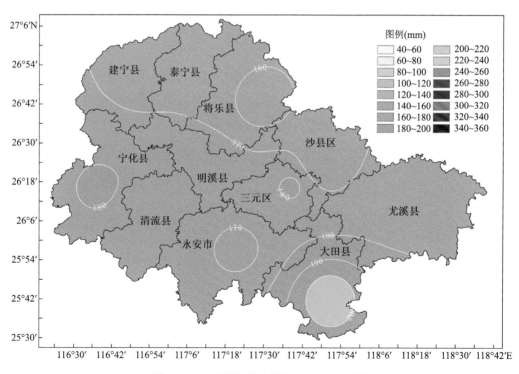

图 1.31　8 月平均降水量（1991—2020 年）

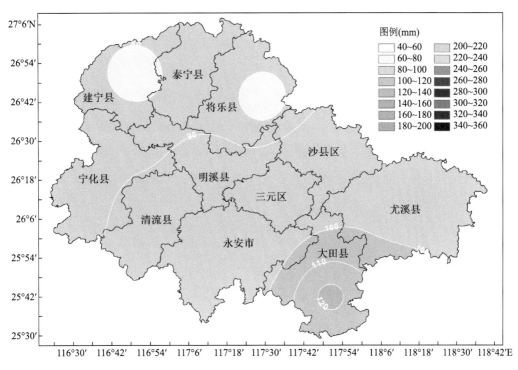

图 1.32　9 月平均降水量(1991—2020 年)

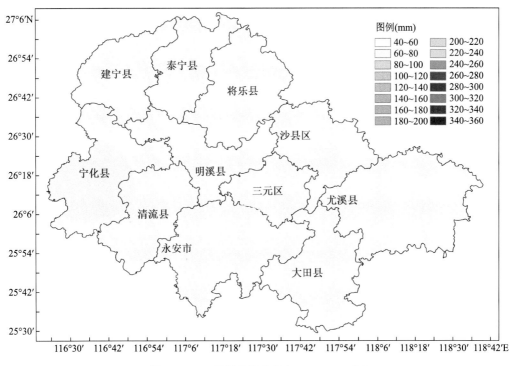

图 1.33　10 月平均降水量(1991—2020 年)

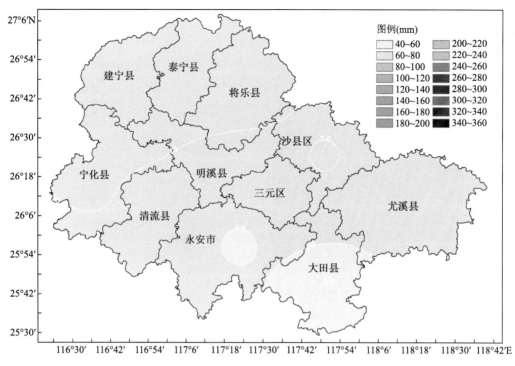

图 1.34　11 月平均降水量(1991—2020 年)

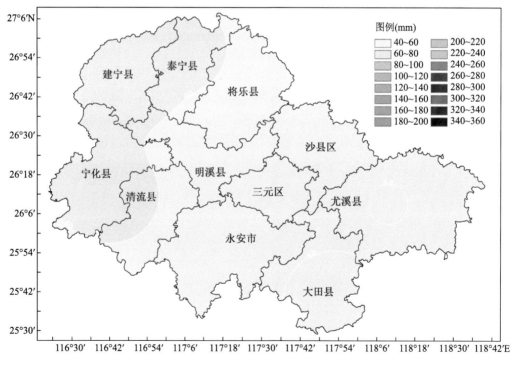

图 1.35　12 月平均降水量(1991—2020 年)

冬、春、夏、秋平均降水量分布如图 1.36—1.39 所示。

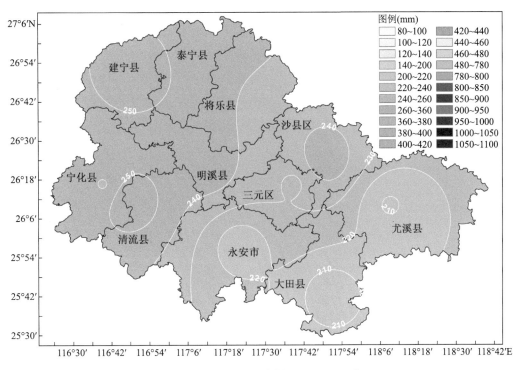

图 1.36　冬季平均降水量(1991—2020 年)

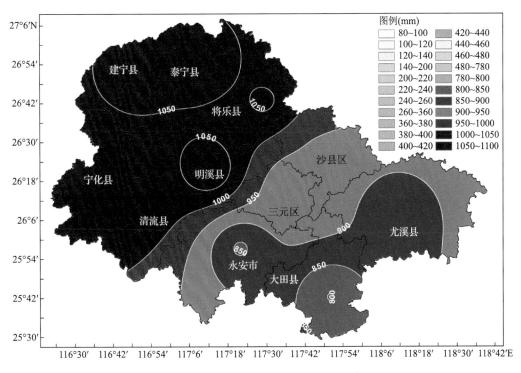

图 1.37　春季平均降水量(1991—2020 年)

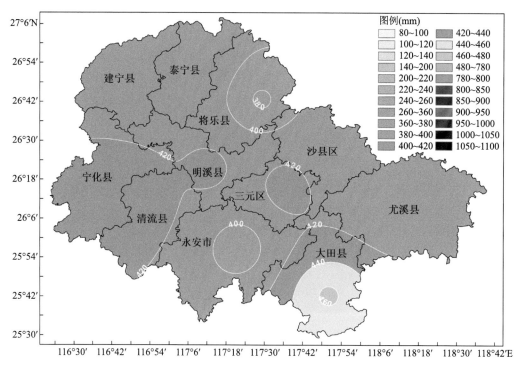

图 1.38　夏季平均降水量(1991—2020 年)

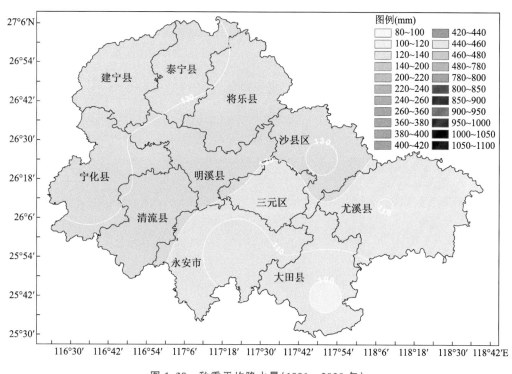

图 1.39　秋季平均降水量(1991—2020 年)

年平均降水日数,1—12 月各月平均降水日数分布如图 1.40—1.52 所示。

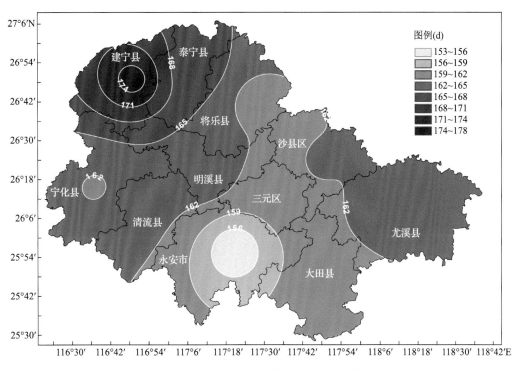

图 1.40　年平均降水日数(1991—2020 年)

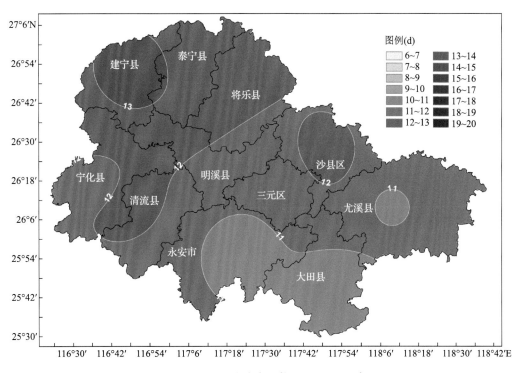

图 1.41　1 月平均降水日数(1991—2020 年)

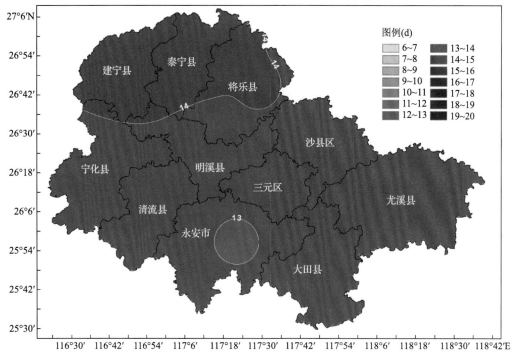

图 1.42 2 月平均降水日数(1991—2020 年)

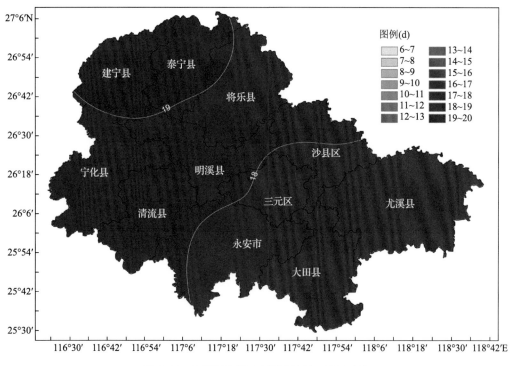

图 1.43 3 月平均降水日数(1991—2020 年)

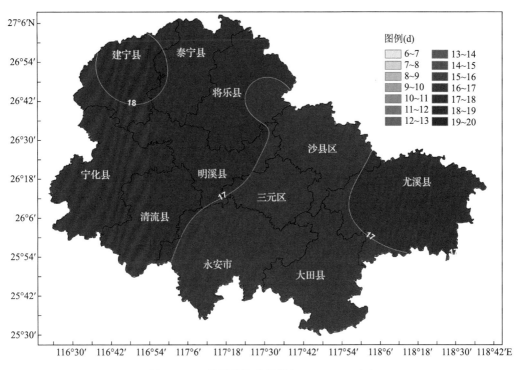

图 1.44　4 月平均降水日数(1991—2020 年)

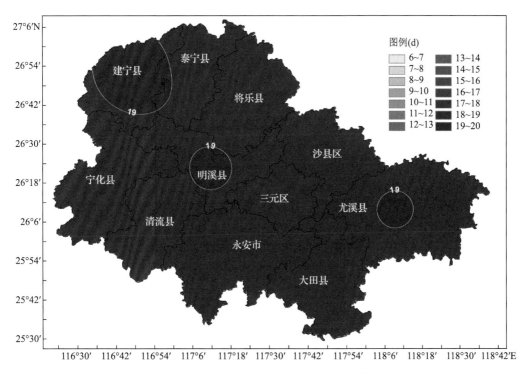

图 1.45　5 月平均降水日数(1991—2020 年)

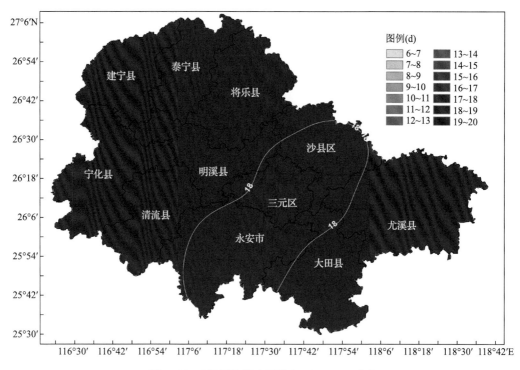

图 1.46 6 月平均降水日数(1991—2020 年)

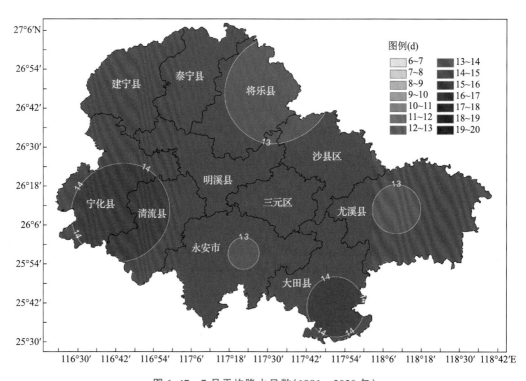

图 1.47 7 月平均降水日数(1991—2020 年)

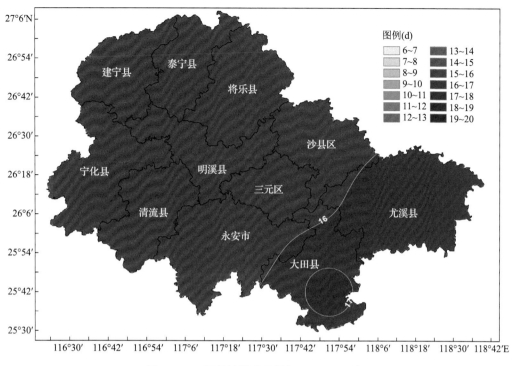

图 1.48　8 月平均降水日数(1991—2020 年)

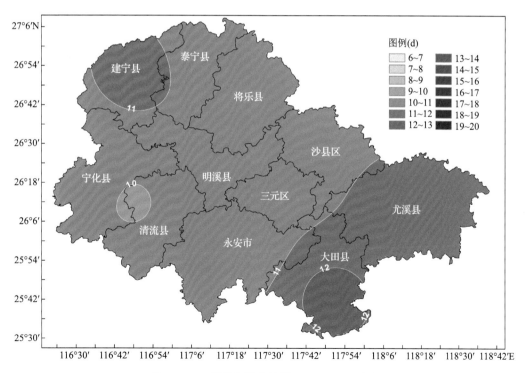

图 1.49　9 月平均降水日数(1991—2020 年)

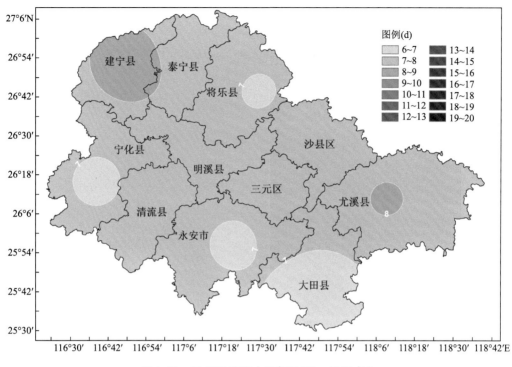

图 1.50　10 月平均降水日数（1991—2020 年）

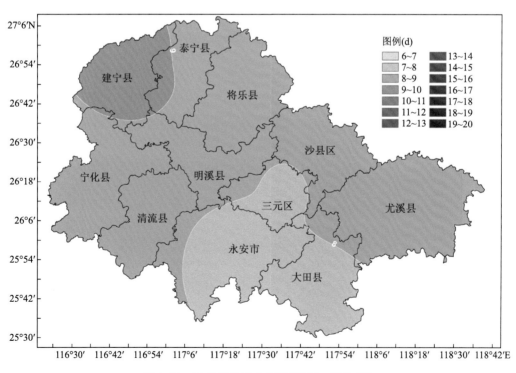

图 1.51　11 月平均降水日数（1991—2020 年）

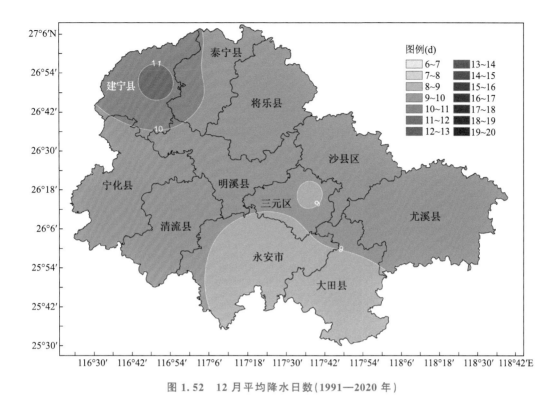

图 1.52 12 月平均降水日数 (1991—2020 年)

年平均小雨、中雨、大雨、暴雨日数分布如图 1.53—1.56 所示。

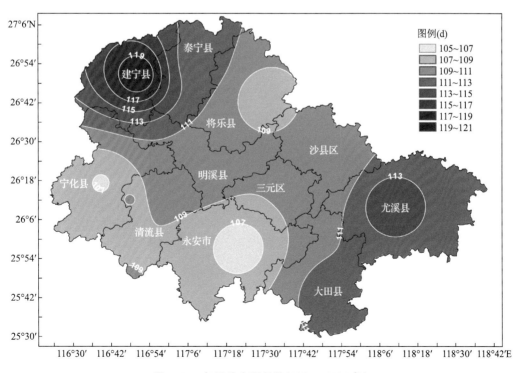

图 1.53 年平均小雨日数 (1991—2020 年)

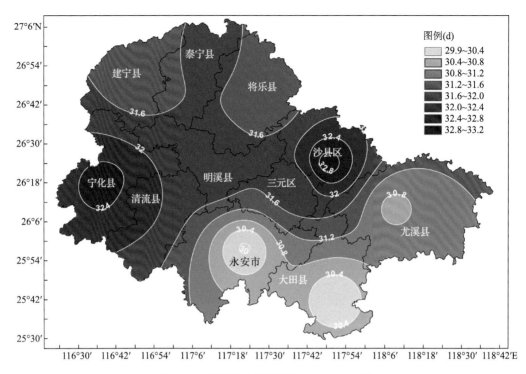

图 1.54 年平均中雨日数(1991—2020 年)

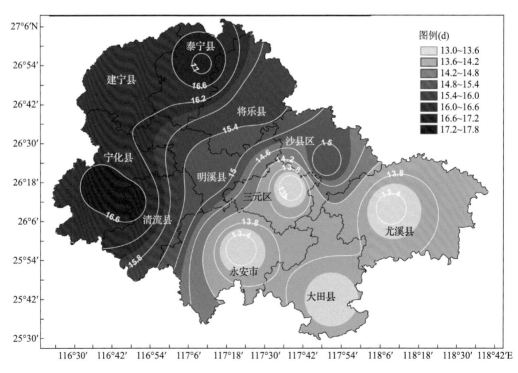

图 1.55 年平均大雨日数(1991—2020 年)

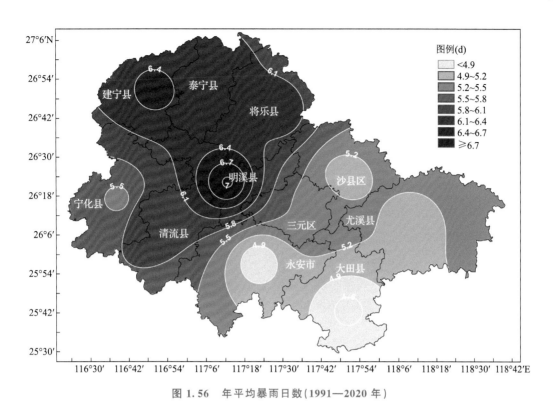

图 1.56　年平均暴雨日数(1991—2020 年)

年度日、小时最大降水量分布如图 1.57—1.58 所示。

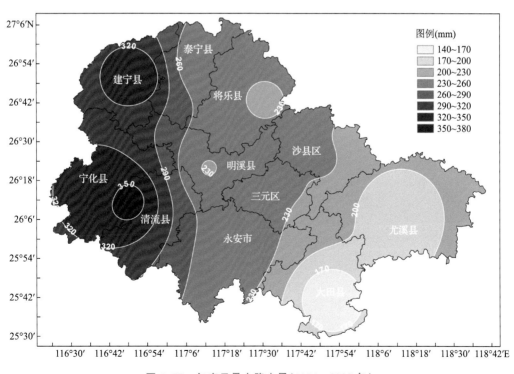

图 1.57　年度日最大降水量(1991—2020 年)

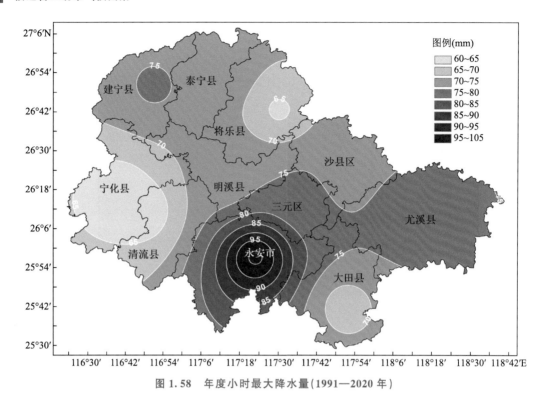

图 1.58　年度小时最大降水量(1991—2020 年)

1.2.3　日照分布图

年平均日照时数、日照百分率分布如图 1.59—1.60 所示。

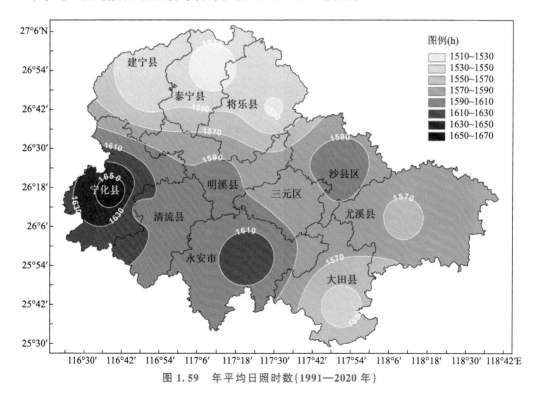

图 1.59　年平均日照时数(1991—2020 年)

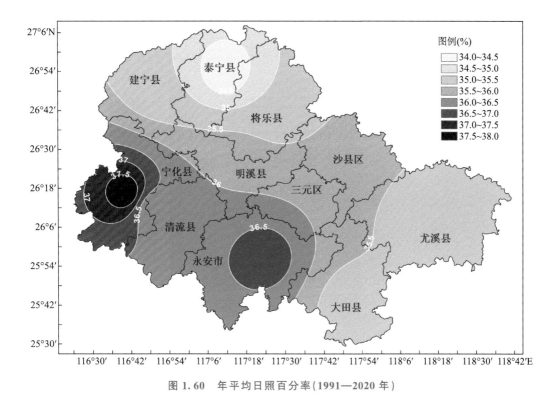

图 1.60　年平均日照百分率(1991—2020 年)

1.2.4　相对湿度分布图

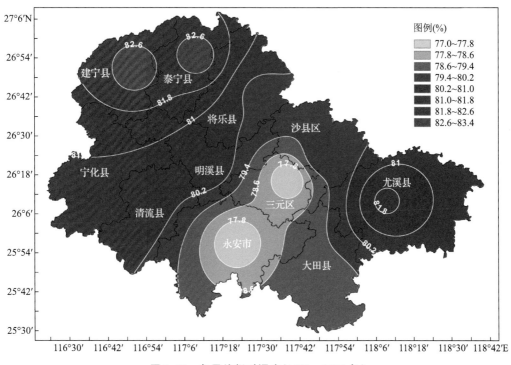

图 1.61　年平均相对湿度(1991—2020 年)

1.2.5 风速风向

年平均风速分布如图 1.62 所示。

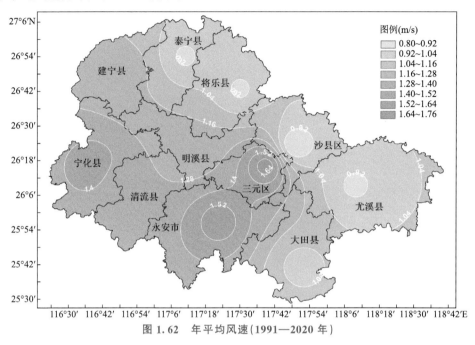

图 1.62　年平均风速(1991—2020 年)

各站年平均及 1、4、7、10 月平均风向玫瑰如图 1.63—1.73 所示。

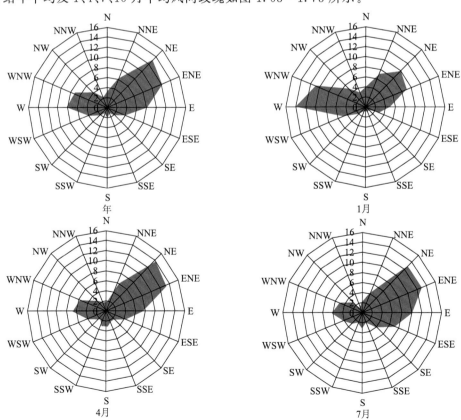

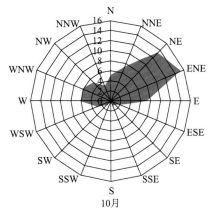

图 1.63　宁化站年平均及 1、4、7、10 月平均风向玫瑰图（1991—2020 年）（%）

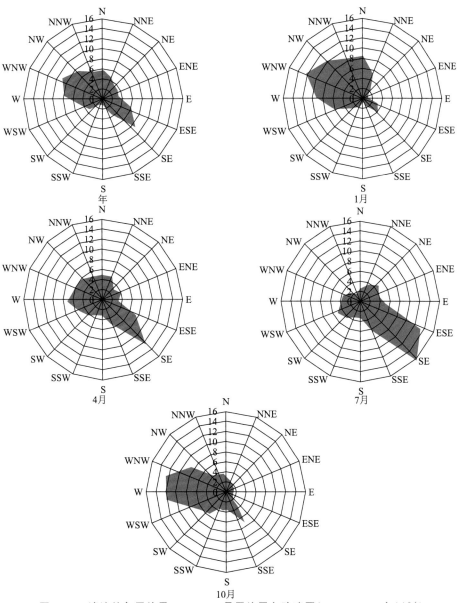

图 1.64　清流站年平均及 1、4、7、10 月平均风向玫瑰图（1991—2020 年）（%）

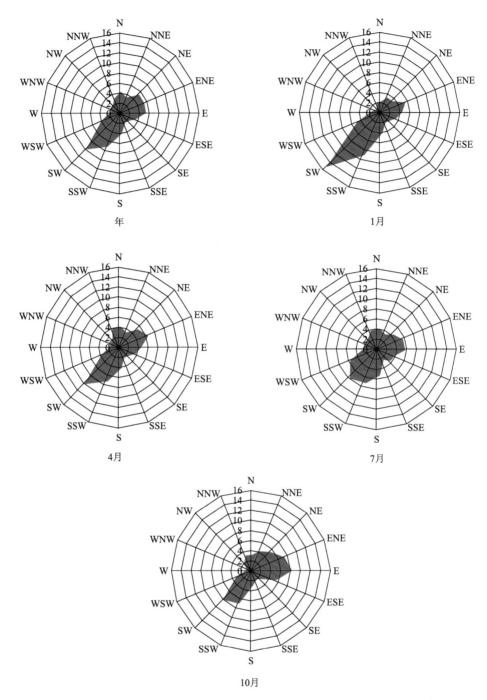

图 1.65 泰宁站年平均及 1、4、7、10 月平均风向玫瑰图(1991—2020 年)(%)

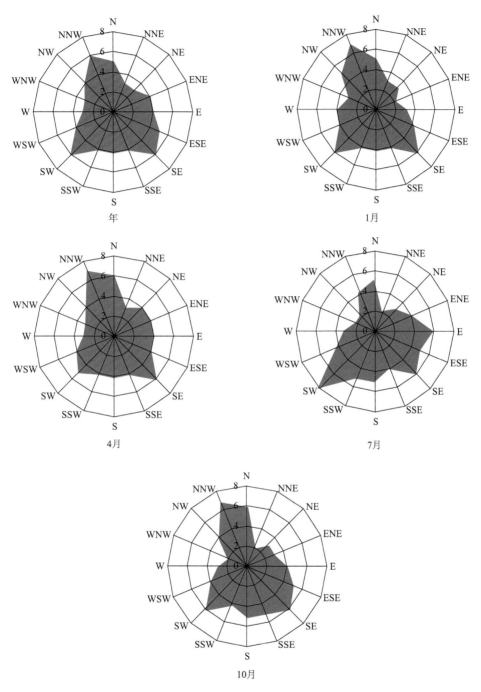

图 1.66　将乐站年平均及 1、4、7、10 月平均风向玫瑰图(1991—2020 年)(%)

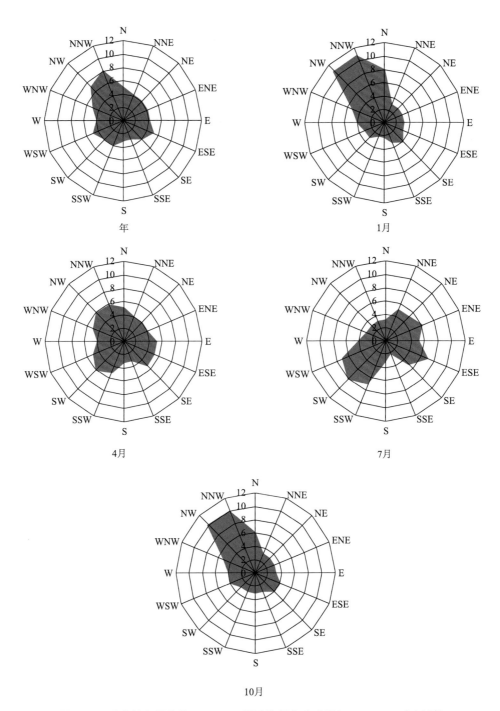

图 1.67　建宁站年平均及 1、4、7、10 月平均风向玫瑰图(1991—2020 年)(%)

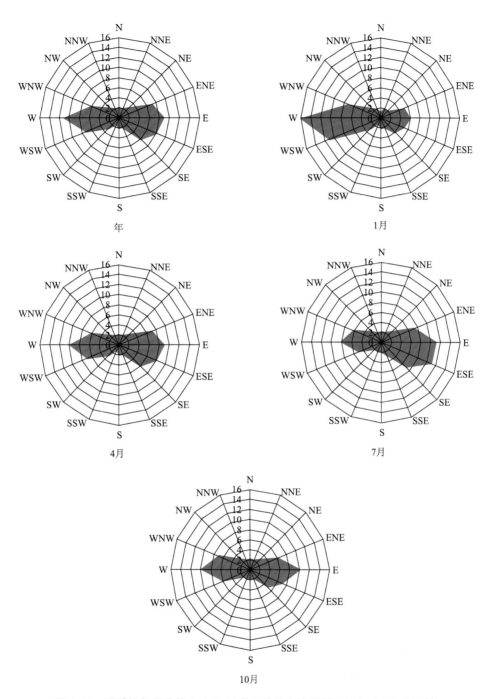

图 1.68　明溪站年平均及 1、4、7、10 月平均风向玫瑰图(1991—2020 年)(%)

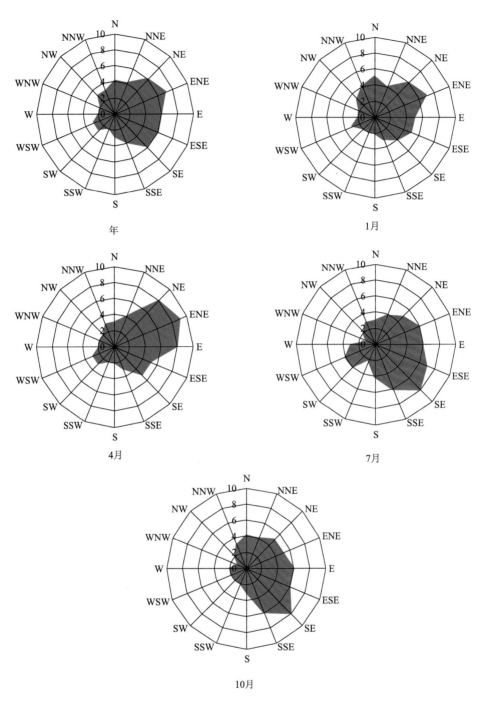

图 1.69　沙县站年平均及 1、4、7、10 月平均风向玫瑰图(1991—2020 年)(％)

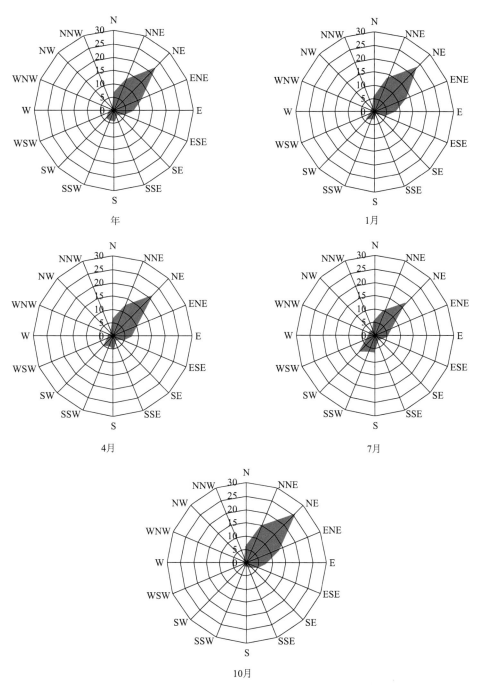

图 1.70　三明站年平均及 1、4、7、10 月平均风向玫瑰图(1991—2020 年)(%)

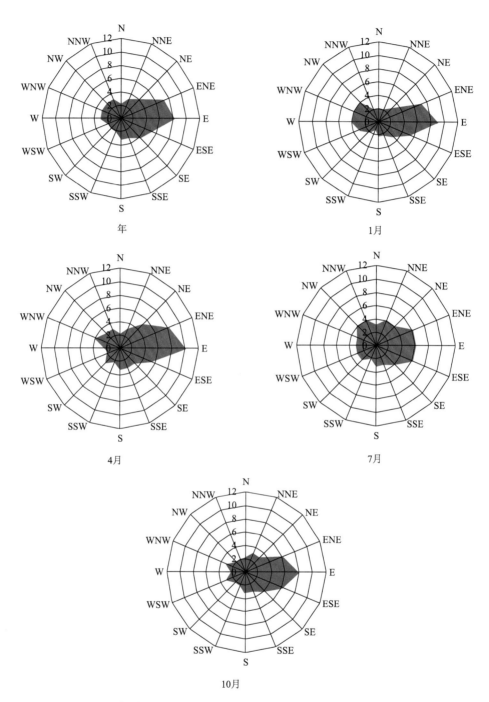

图 1.71　尤溪站年平均及 1、4、7、10 月平均风向玫瑰图(1991—2020 年)(％)

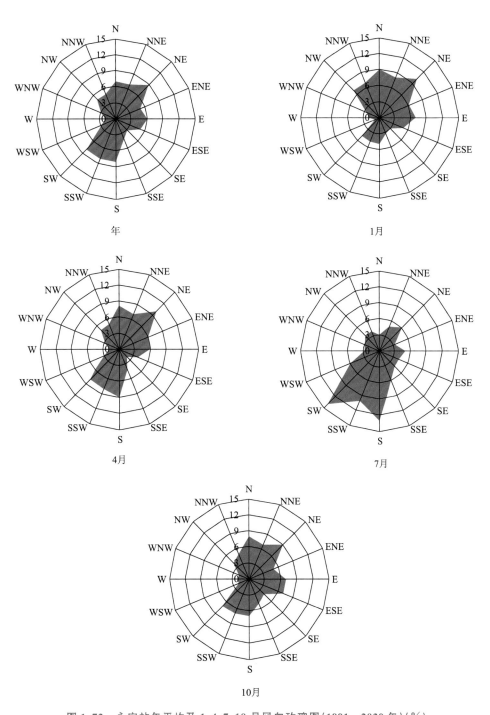

图 1.72　永安站年平均及 1、4、7、10 月风向玫瑰图(1991—2020 年)(%)

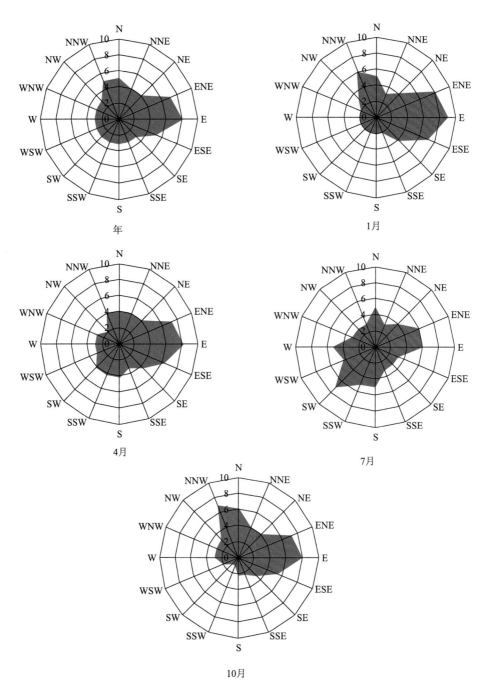

图 1.73　大田站年平均及 1、4、7、10 月平均风向玫瑰图(1991—2020 年)(%)

第 2 章 三明市三元区城市气候及通风廊道图

2.1 三元区地形水系图

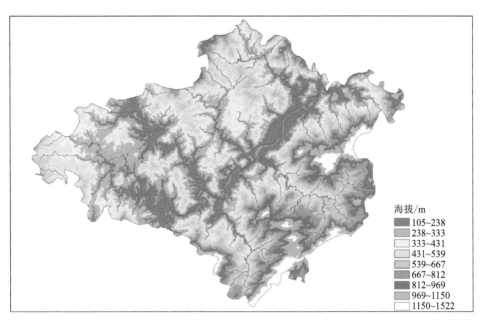

图 2.1 三元区地形水系

2.2 气候特征图

2.2.1 气温

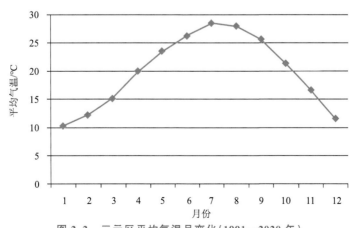

图 2.2 三元区平均气温月变化(1991—2020 年)

(三元区气候特征采用三明市气象站数据计算,下同)

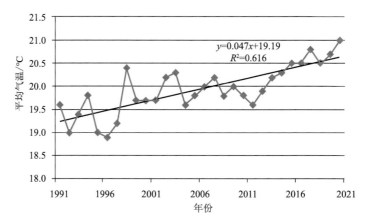

图 2.3　三元区平均气温年际变化(1991—2020 年,斜线为趋势线)

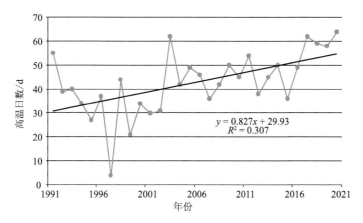

图 2.4　三元区极端最高气温≥35℃日数年际变化(1991—2020 年,斜线为趋势线)

2.2.2　降水

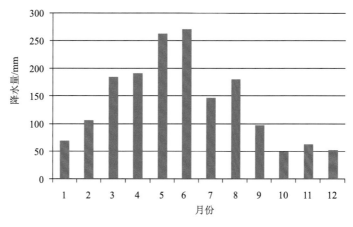

图 2.5　三元区降水量月变化(1991—2020 年)

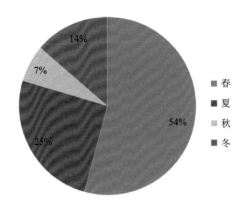

图 2.6　三元区四季降水量分配(1991—2020 年)

2.2.3　相对湿度

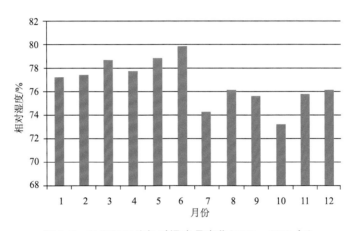

图 2.7　三元区平均相对湿度月变化(1991—2020 年)

2.2.4　日照时数

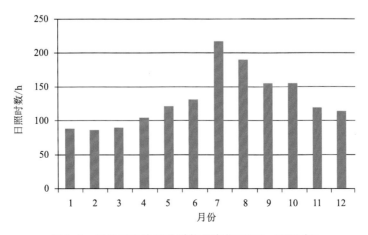

图 2.8　三元区平均日照时数月变化(1991—2020 年)

2.2.5　风速风向

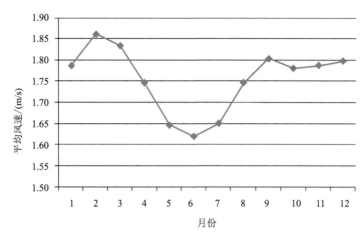

图 2.9　三元区各月平均风速（1991—2020 年）

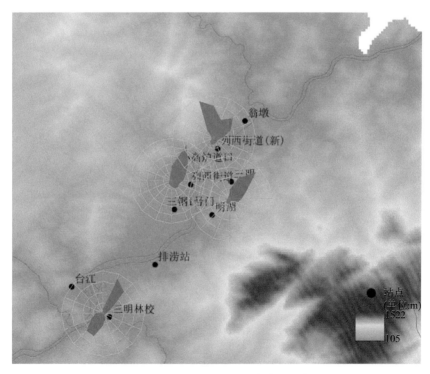

图 2.10　三元区年风向玫瑰空间分布

2.3　典型日 WRF 模拟图

2.3.1　冬季山谷风典型日 4 个时次风速风向模拟图

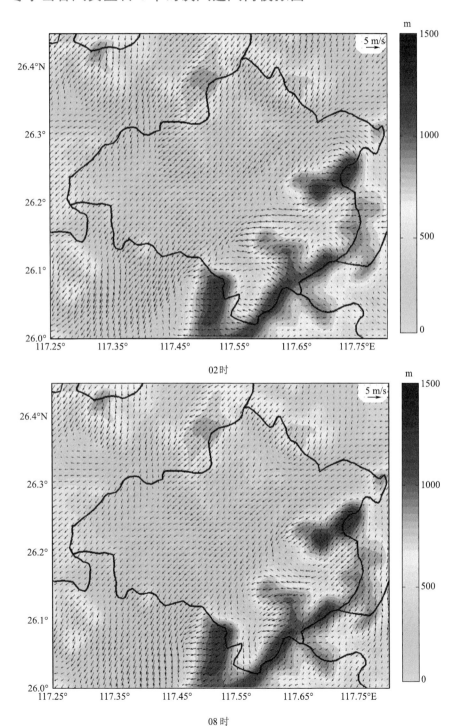

02时

08时

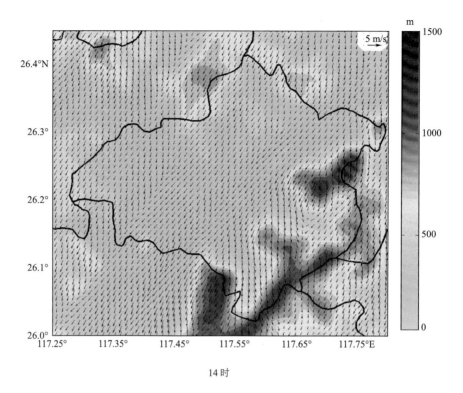

14 时

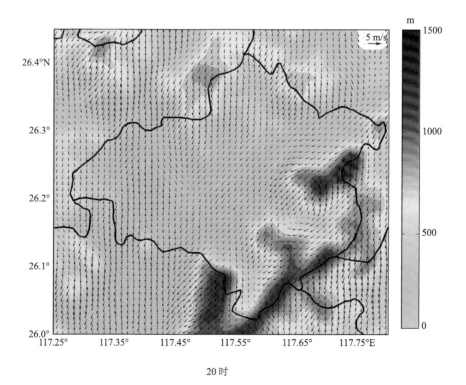

20 时

图 2.11　三元区 2021 年 1 月 17 日 WRF 模拟得到的各时次风场(色标为地形高度)

2.3.2　夏季山谷风典型日 4 个时次风速风向模拟图

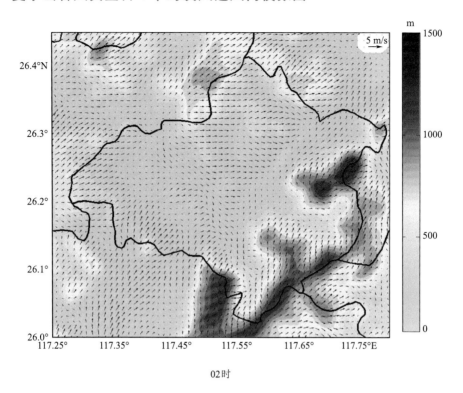

02时

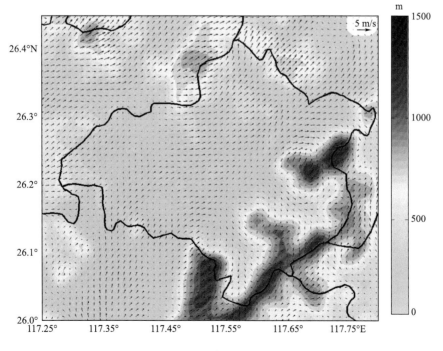

08时

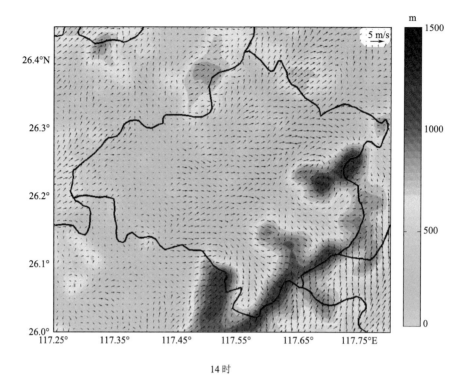

14 时

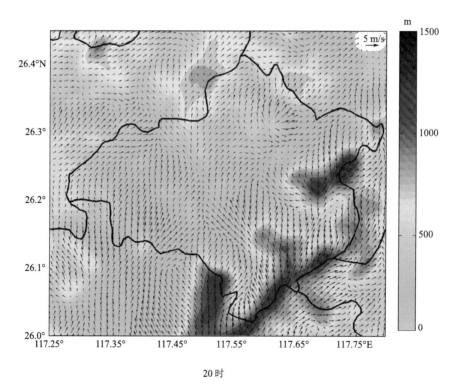

20 时

图 2.12　三元区 2021 年 7 月 10 日 WRF 模拟得到的各时次风场（色标为地形高度）

2.4　夏季 2 个典型日热岛强度分布图

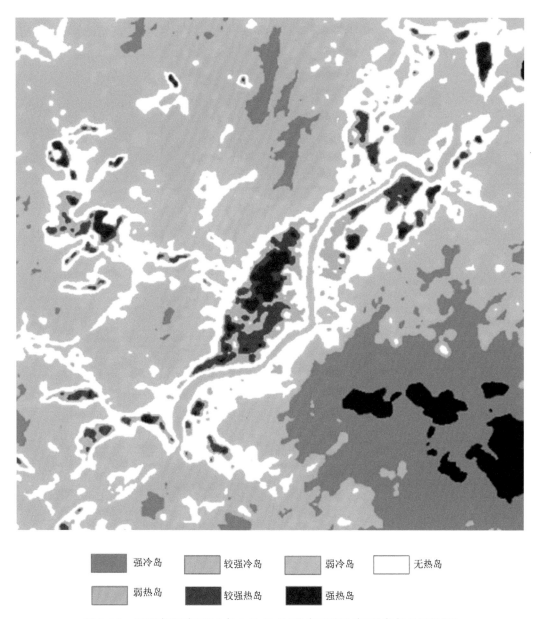

	强冷岛		较强冷岛		弱冷岛		无热岛
	弱热岛		较强热岛		强热岛		

图 2.13　三明市夏季(2013 年 8 月 11 日)热岛强度分布(黑色部分无数据)

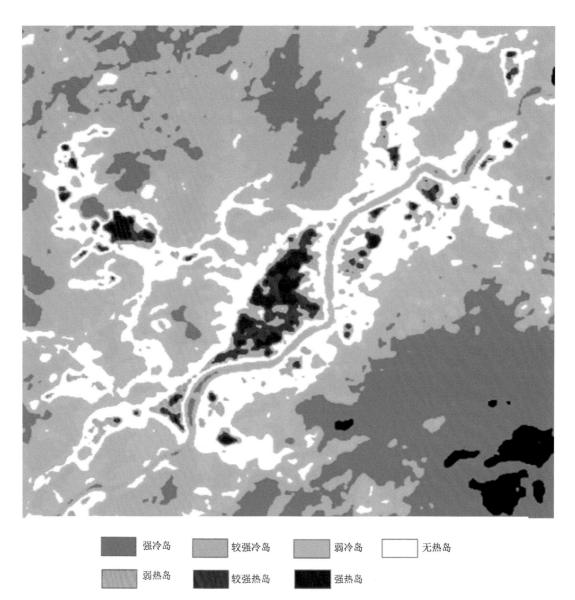

强冷岛　　较强冷岛　　弱冷岛　　无热岛

弱热岛　　较强热岛　　强热岛

图 2.14　三明市夏季(2019 年 8 月 28 日)热岛强度分布(黑色部分无数据)

2.5　通风廊道图

图 2.15　三明市一级通风廊道(底图来源:Google Earth)

(图中序号为通风廊道设计编号,下同)

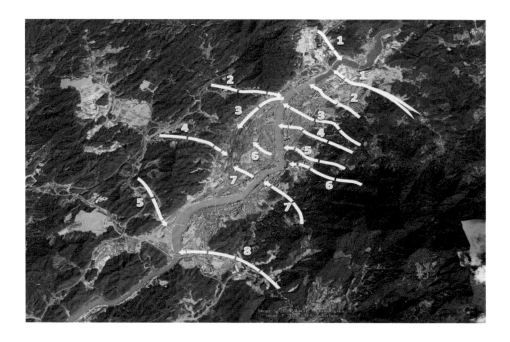

图 2.16　三明市二级通风廊道(底图来源:Google Earth)

图 2.17　三明市综合通风廊道示意图(底图来源:Google Earth)

第 3 章　三明市永安市城市气候及通风廊道图

3.1　永安市地形水系图

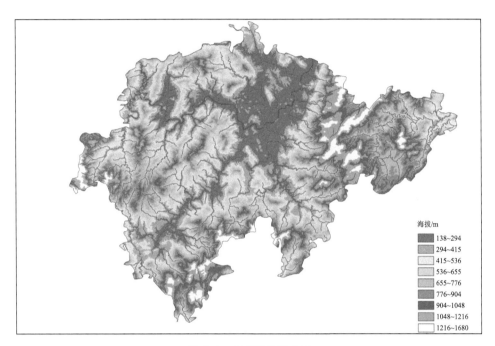

图 3.1　永安市地形水系

3.2　气候特征图

3.2.1　气温

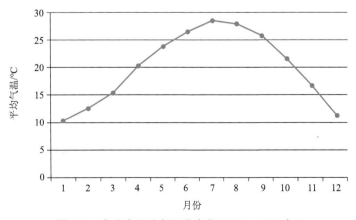

图 3.2　永安市平均气温月变化(1991—2020 年)

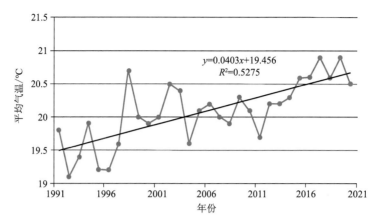

图 3.3 永安市平均气温年际变化(1991—2020 年,斜线为趋势线)

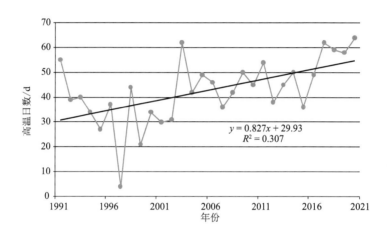

图 3.4 永安市极端最高气温≥35℃日数年际变化(1991—2020 年,斜线为趋势线)

3.2.2 降水

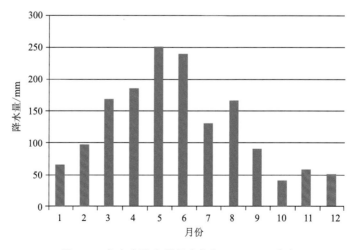

图 3.5 永安市降水量月变化(1991—2020 年)

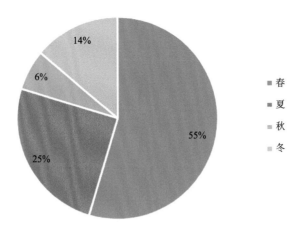

图 3.6　永安市四季降水量分配(1991—2020 年)

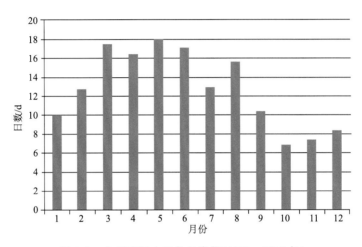

图 3.7　永安市降水日数月变化(1991—2020 年)

3.2.3　相对湿度

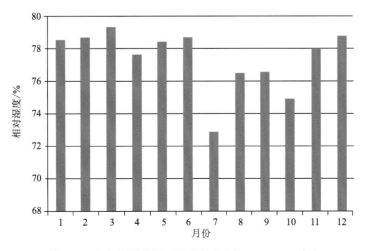

图 3.8　永安市平均相对湿度月变化(1991—2020 年)

3.2.4 日照时数

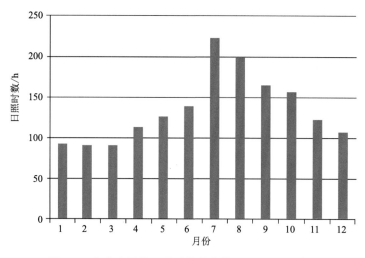

图 3.9 永安市平均日照时数月变化(1991—2020 年)

3.2.5 风速

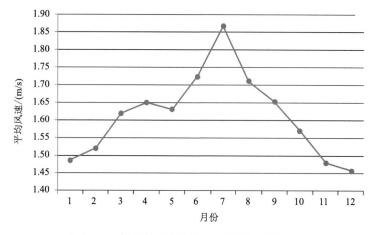

图 3.10 永安市各月平均风速(1991—2020 年)

3.3　典型日 WRF 模拟图

3.3.1　冬季山谷风典型日 4 个时次风向风速模拟图

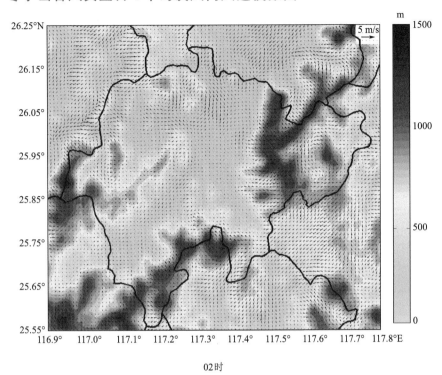

02时

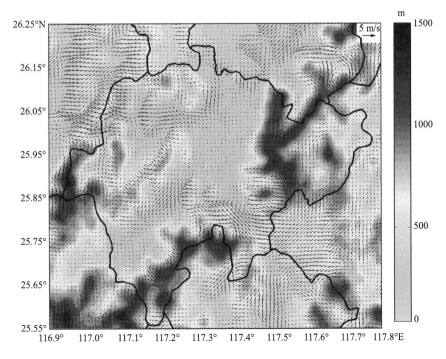

08时

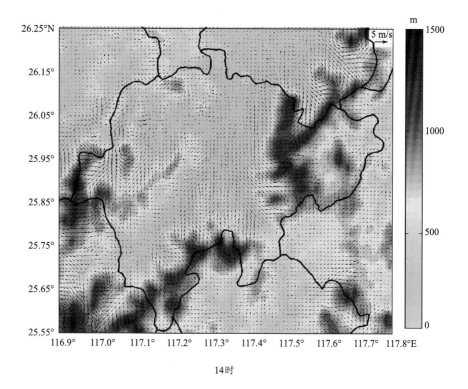

14时

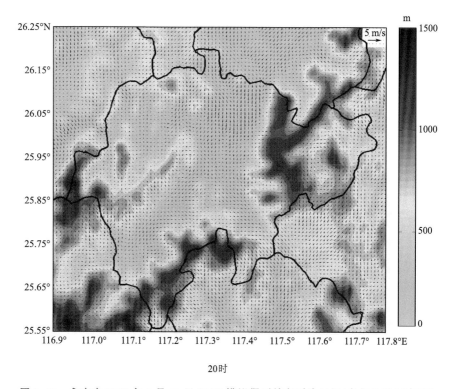

20时

图 3.11　永安市 2020 年 1 月 13 日 WRF 模拟得到的各时次风场(色标为地形高度)

3.3.2 夏季山谷风典型日 4 个时次风向风速模拟图

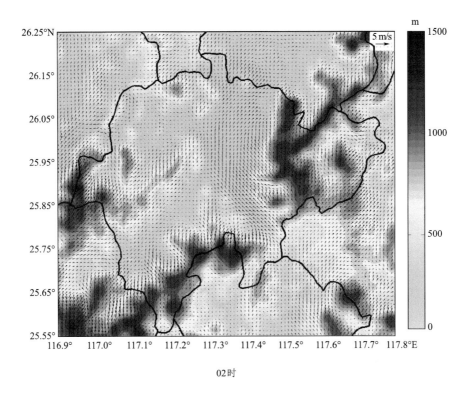

02时

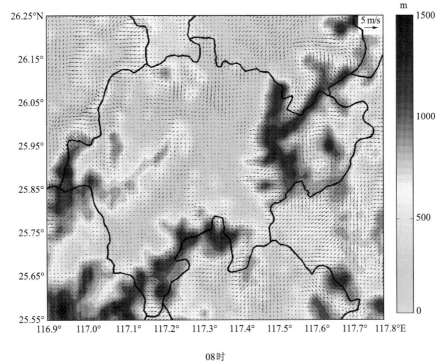

08时

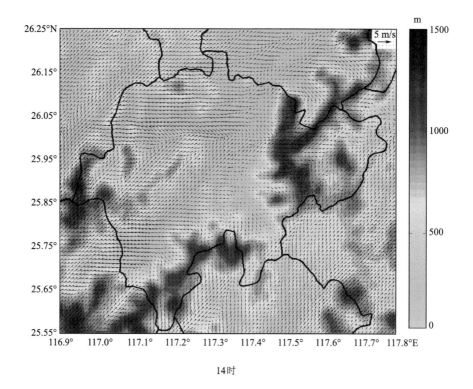

14时

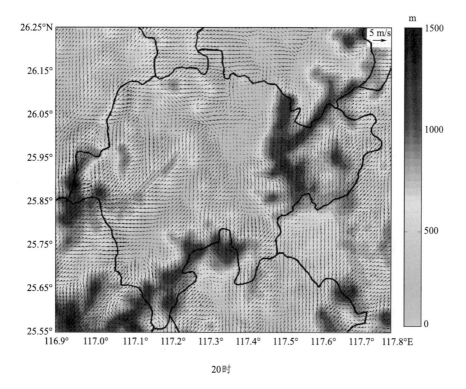

20时

图 3.12　永安市 2020 年 7 月 12 日 WRF 模拟得到的各时次风场（色标为地形高度）

3.4　夏季典型日热岛强度分布图

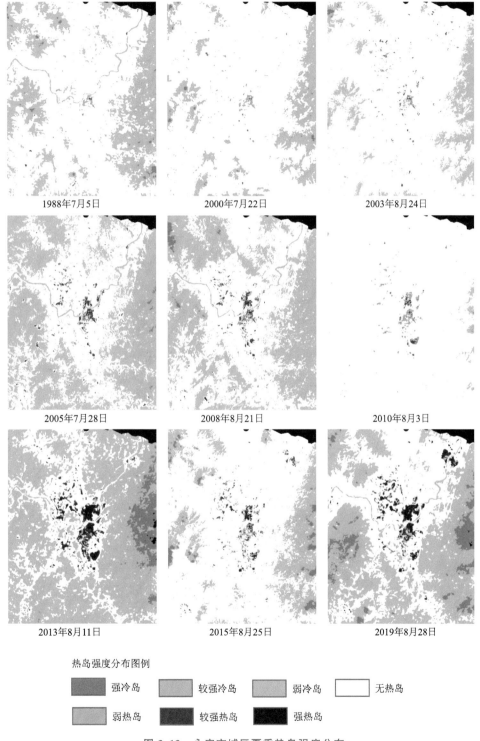

图 3.13　永安市城区夏季热岛强度分布

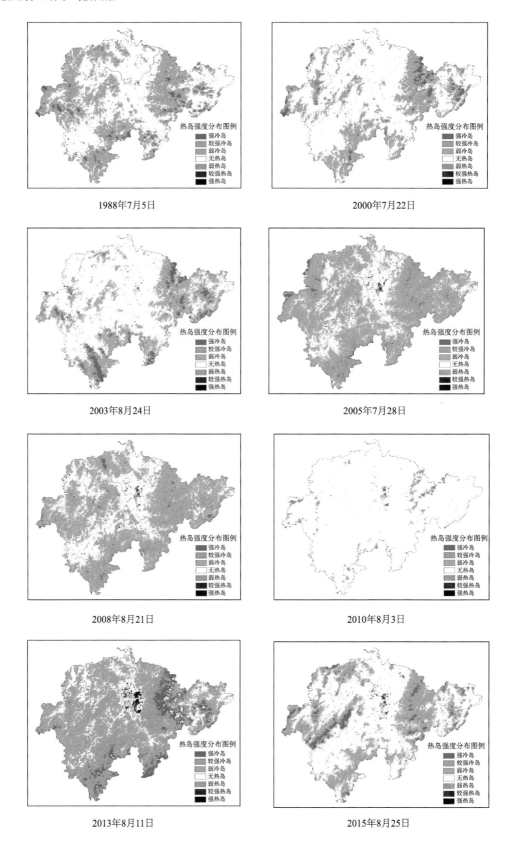

1988年7月5日

2000年7月22日

2003年8月24日

2005年7月28日

2008年8月21日

2010年8月3日

2013年8月11日

2015年8月25日

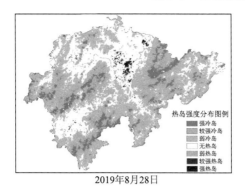

2019年8月28日

图 3.14　永安市夏季热岛强度分布

3.5　舒适度空间分布图

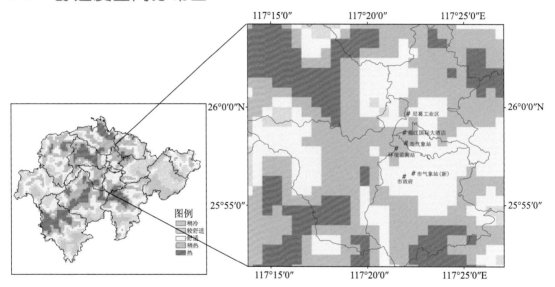

图 3.15　永安市春季舒适度等级空间分布

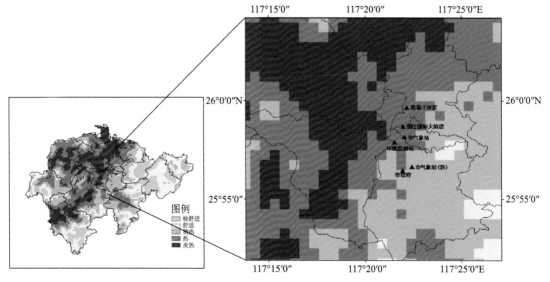

图 3.16　永安市夏季舒适度等级空间分布

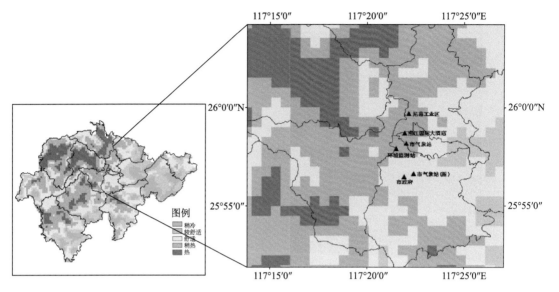

图 3.17　永安市秋季舒适度等级空间分布

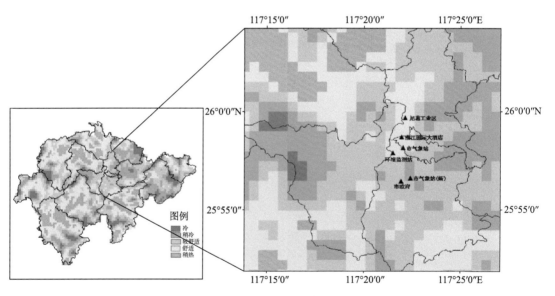

图 3.18　永安市冬季舒适度等级空间分布

3.6 通风廊道图

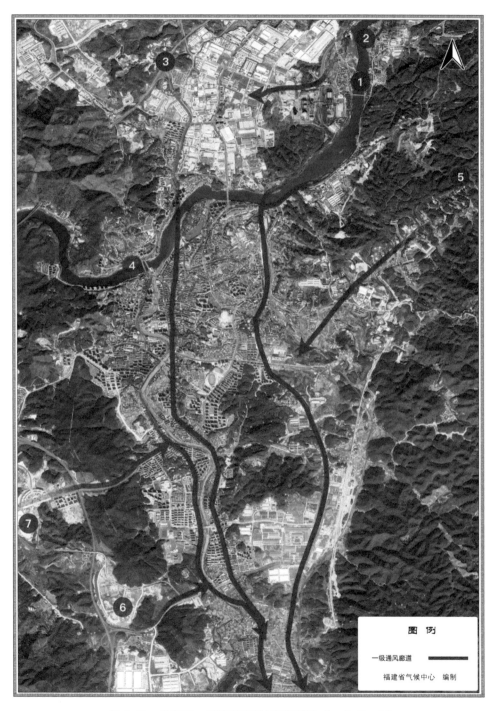

图 3.19 永安市一级通风廊道(底图来源:Google Earth)

图 3.20 永安市二级通风廊道(底图来源:Google Earth)

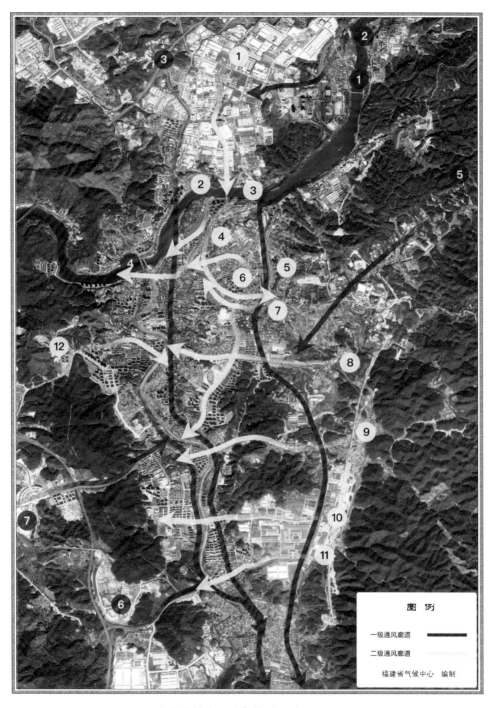

图 3.21　永安市综合通风廊道(底图来源:Google Earth)

第4章 三明市大田县气候及通风廊道图

4.1 大田县地形水系图

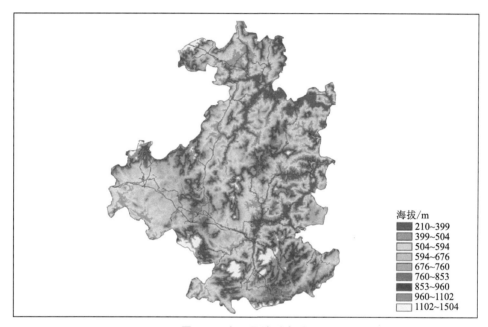

海拔/m
210~399
399~504
504~594
594~676
676~760
760~853
853~960
960~1102
1102~1504

图4.1 大田县地形水系

4.2 气候特征图

4.2.1 气温

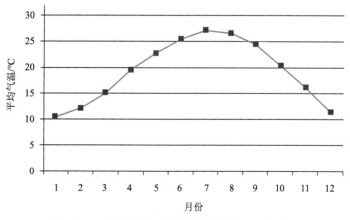

图4.2 大田县平均气温月变化(1989—2018年)

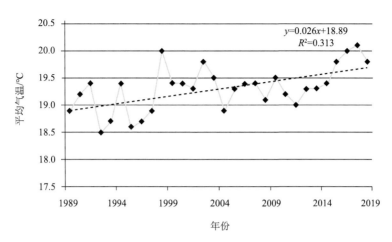

图 4.3　大田县年平均气温的年际变化（1989—2018 年，虚线为趋势线）

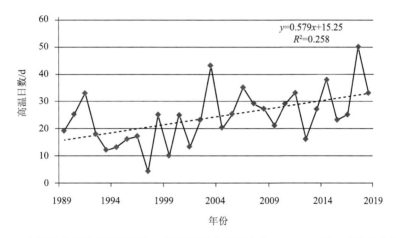

图 4.4　大田县年极端最高气温≥35℃日数的年际变化（1989—2018 年，虚线为趋势线）

4.2.2　降水

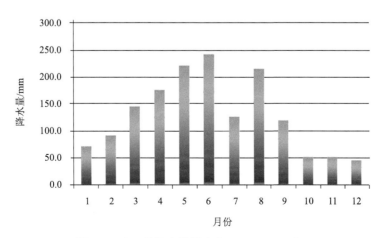

图 4.5　大田县降水量月变化（1989—2018 年）

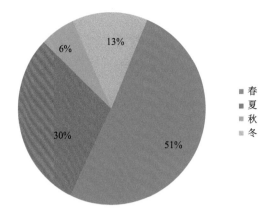

图 4.6 大田县四季降水量分配(1989—2018 年)

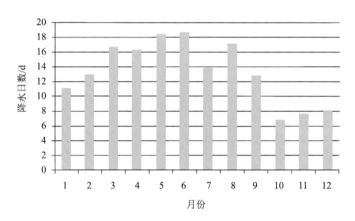

图 4.7 大田县降水日数月变化(1989—2018 年)

4.2.3 相对湿度

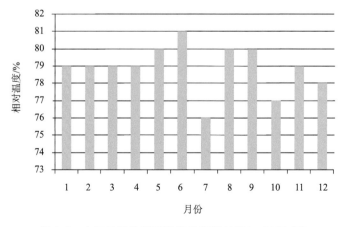

图 4.8 大田县平均相对湿度月变化(1989—2018 年)

4.2.4　日照时数

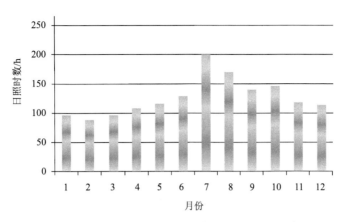

图 4.9　大田县平均日照时数月变化（1989—2018 年）

4.2.5　风速

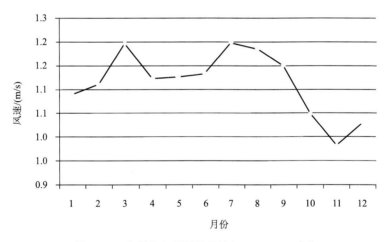

图 4.10　大田县各月平均风速（1989—2018 年）

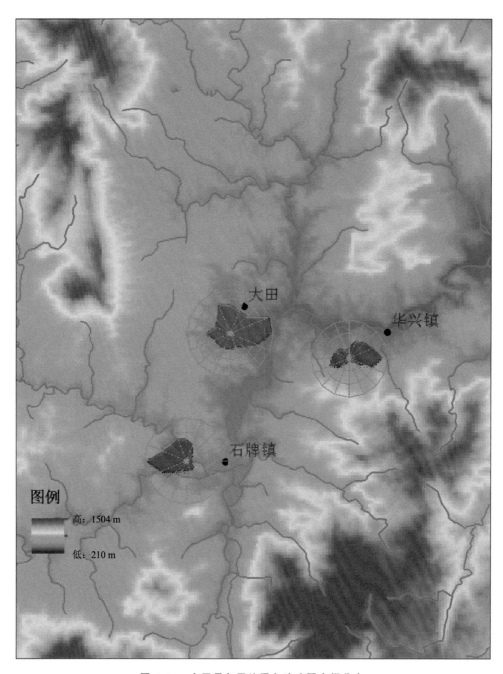

图 4.11 大田县年平均风向玫瑰图空间分布

大田(左上),华兴(右上),石牌(左下)

4.3 典型日 WRF 模拟图

4.3.1 冬季山谷风典型日 4 个时次风向风速模拟图

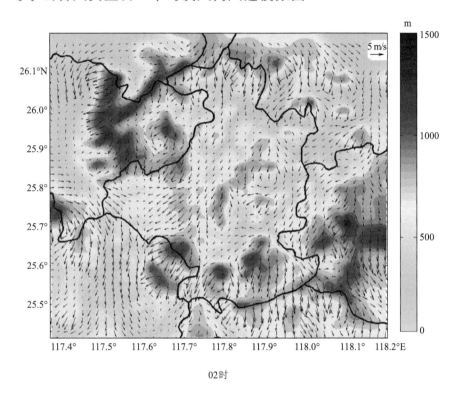

02时

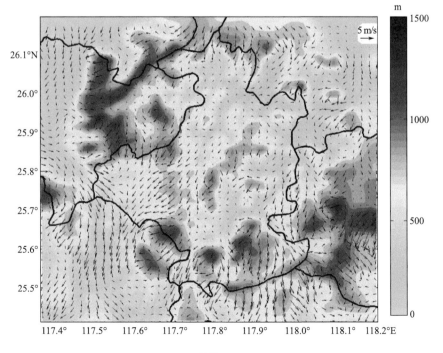

08时

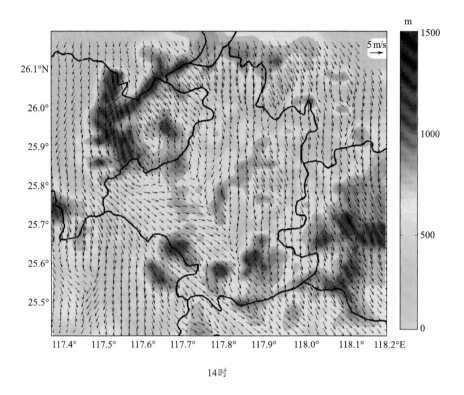

14时

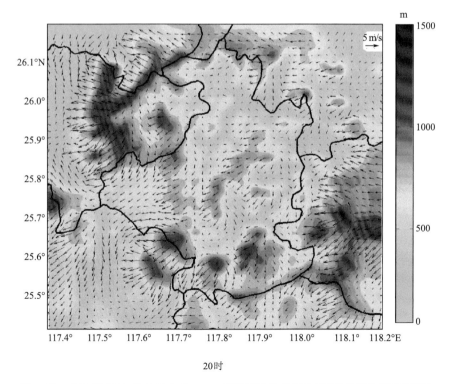

20时

图 4.12 大田县 2018 年 2 月 1 日 WRF 模拟得到的各时次风场(色标为地形高度)

4.3.2　夏季山谷风典型日 4 个时次风向风速模拟图

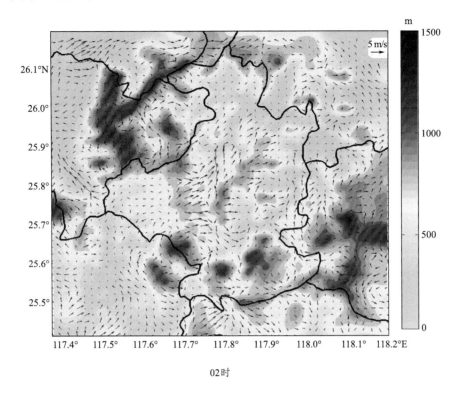

02时

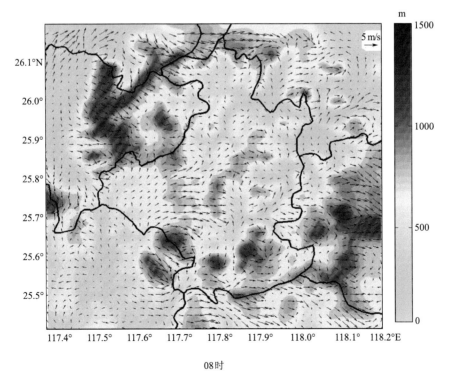

08时

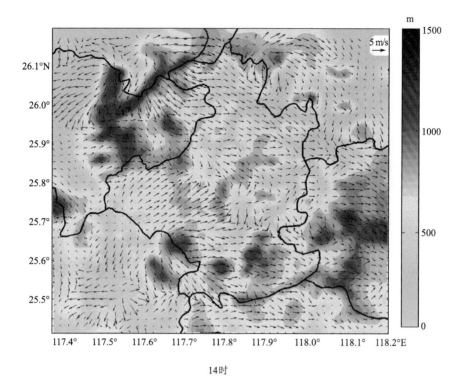

14时

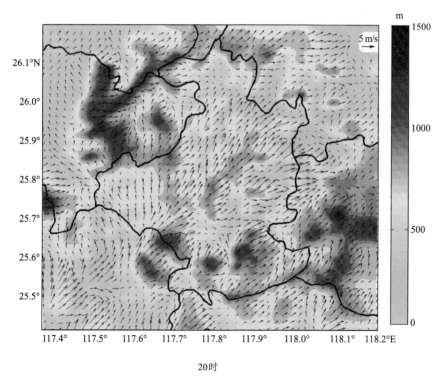

20时

图 4.13 大田县 2018 年 7 月 23 日 WRF 模拟得到的各时次风场(色标为地形高度)

4.4　夏季典型日热岛强度分布图

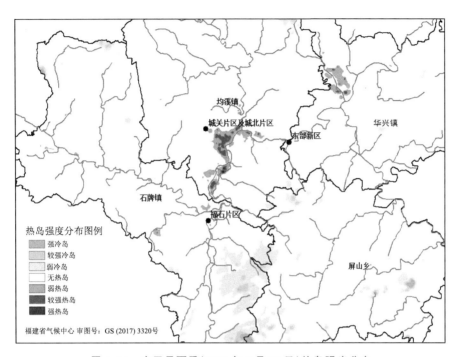

图 4.14　大田县夏季（2014 年 8 月 30 日）热岛强度分布

图 4.15　大田县冬季（2018 年 1 月 13 日）热岛强度分布

4.5 通风廊道图

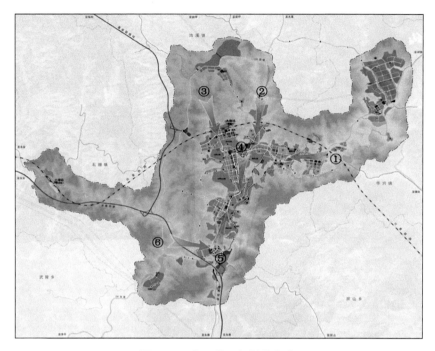

图 4.16 大田县一级通风廊道

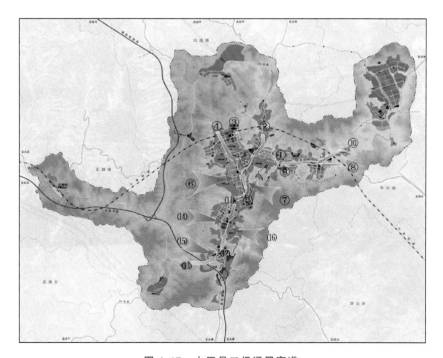

图 4.17 大田县二级通风廊道

第 5 章　CFD 模拟图

CFD 是英文 Computation Fluid Dynamics(计算流体动力学)的简称,可通过计算机数值计算和图像显示,对包含有流体流动和热传导等相关物理现象的系统进行分析,即开展流体动力模拟,可用于建筑物附近风场研究,较传统分析方法具有更小的空间尺度,成本相对于实地测量有所降低,且能获得详细的、直观的流场信息,气象上用此开展城市小尺度空气流场模拟。

5.1　三明市阳光城小区

5.1.1　冬季主导风不同高度风速流场图

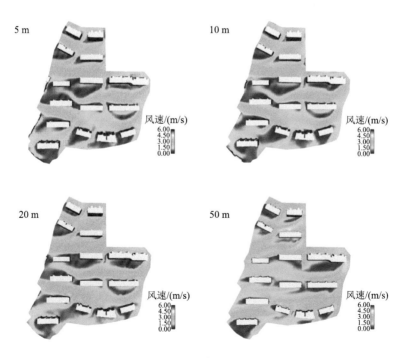

图 5.1　冬季主导风(NE)各高度层(5、10、20、50 m)风速

图 5.2 冬季主导风(NE)水平风场流线

5.1.2 夏季主导风不同高度风速流场图

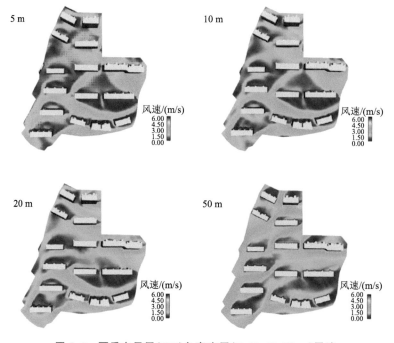

图 5.3 夏季主导风(SW)各高度层(5、10、20、50 m)风速

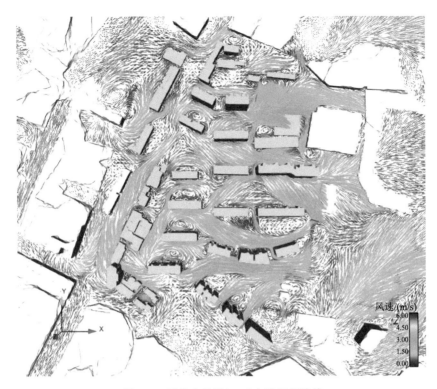

图 5.4 夏季主导风(SW)水平风场流线

5.1.3 山风不同高度风速流场图

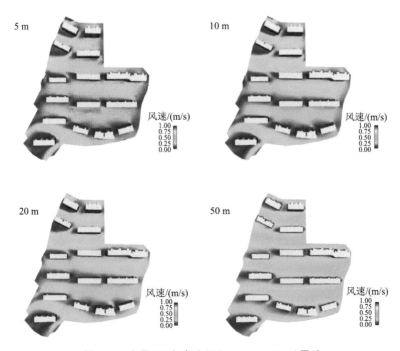

图 5.5 山风(E)各高度层(5、10、20、50 m)风速

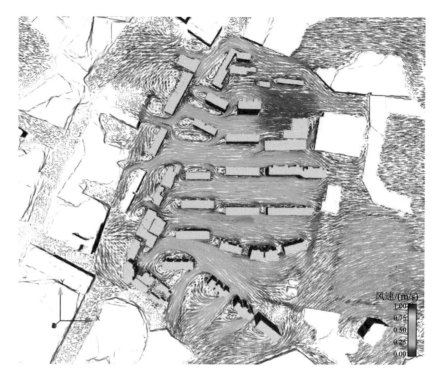

图 5.6　山风(E)水平风场流线

5.1.4　谷风不同高度风速流场图

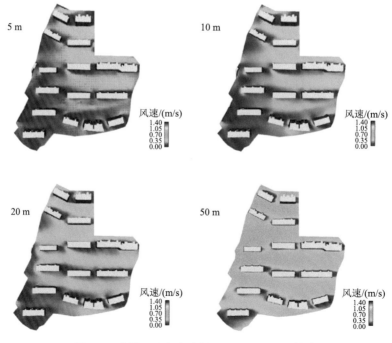

图 5.7　谷风(W)各高度层(5、10、20、50 m)风速

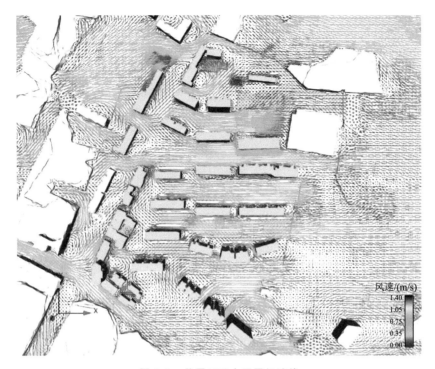

图 5.8　谷风(W)水平风场流线

5.1.5　主导风不同高度风速流场图

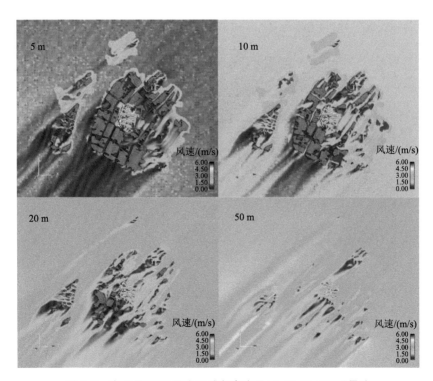

图 5.9　主导风(NE)周边区域各高度层(5、10、20、50 m)风速

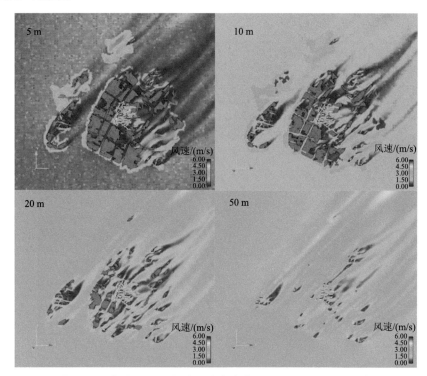

图 5.10 主导风(SW)周边区域各高度层(5、10、20、50 m)风速

5.2 三明市锦绣家园小区

5.2.1 冬季主导风不同高度风速流场图

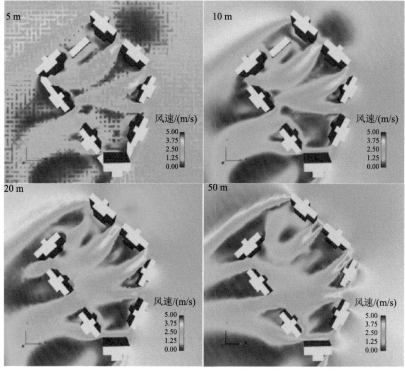

图 5.11 冬季主导风(NE)各高度层(5、10、20、50 m)风速

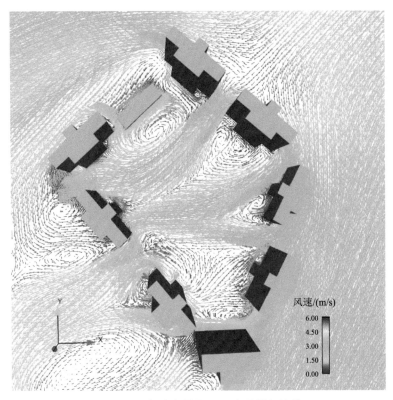

图 5.12　冬季主导风(NE)水平风场流线

5.2.2　夏季主导风不同高度风速流场图

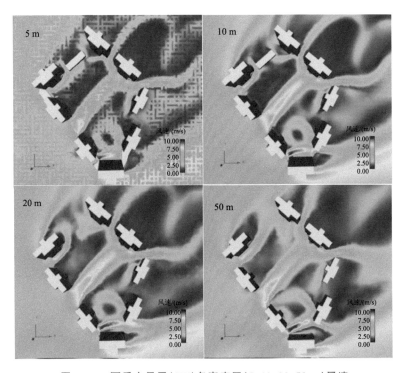

图 5.13　夏季主导风(SW)各高度层(5、10、20、50 m)风速

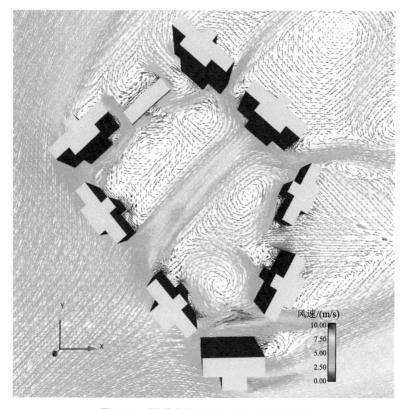

图 5.14　夏季主导风(SW)水平风场流线

5.2.3　山风不同高度风速流场图

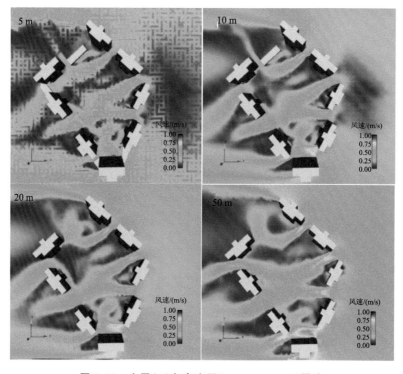

图 5.15　山风(E)各高度层(5、10、20、50 m)风速

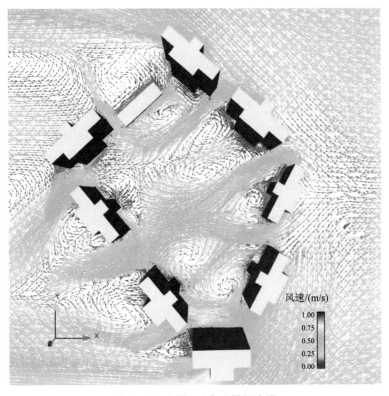

图 5.16　山风(E)水平风场流线

5.2.4　谷风不同高度风速流场图

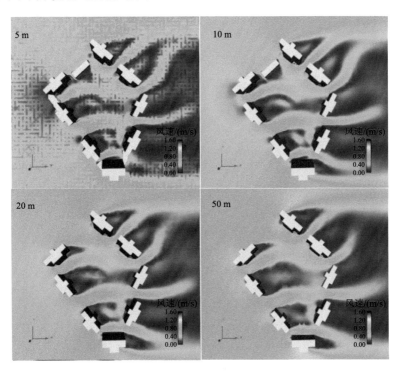

图 5.17　谷风(W)各高度层(5、10、20、50 m)风速

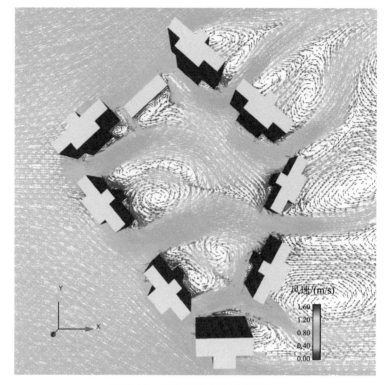

图 5.18 谷风(W)水平风场流线

5.2.5 主导风不同高度风速流场图

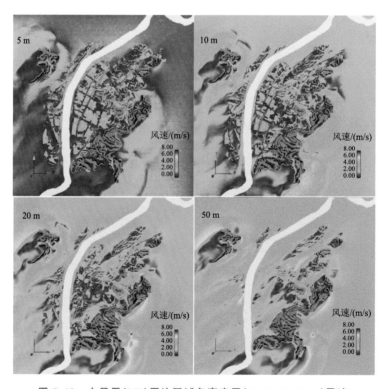

图 5.19 主导风(NE)周边区域各高度层(5、10、20、50 m)风速

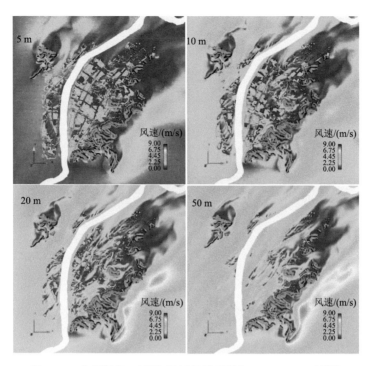

图 5.20　主导风(SW)周边区域各高度层(5、10、20、50 m)风速